U0009891

Master Chef, Let's Cook

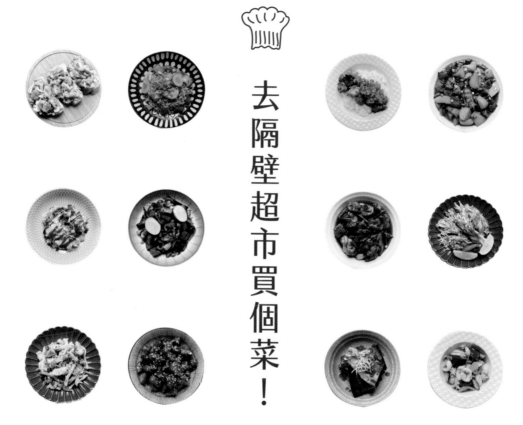

去隔壁超市買個菜！

浦維老師的料理廚房——著

序
preface

我是浦維，先聲明喔～寫這本料理書，可不是幫某連鎖超市業配喔，當初會想寫這本《去隔壁超市買個菜！》只是因為自己根本就是這家超市的熟客，有時一天就會逛個好幾次，在賣場中逛著食材區，然後想著食材要如何搭配才能做成美味食譜，然後再分享給大家。

在這家超市大家最熟悉的肯定是洗腦的「請支援收銀」這一句話，哈哈～當初在設計食譜時就是想跟大家分享一些超級簡單，只要用最簡單的食材、最簡單的調味料，就能做出最豐沛的美味，所以希望這本食譜也能給大家一些神支援，讓大家也能從吃貨變廚神啊！

從我開始在網路上分享食譜，時常靈感一來，能最快速又便利取得食材的地方就是超市了，甚至一天可以逛２～３家不同的賣場，因為每間都可以找到各種不同的福利優惠商品 XD

也因為超市普及率高，賣場處處可見，轉個彎拐個角就可能遇見……而且賣場商品真的琳瑯滿目，近幾年也幾乎成為許多家庭主婦、小資族的新寵兒，除了買生活日用品，買菜也都往超市跑，有別於傳統市場早市或下午市的時間，超市的營業時間更能滿足一般大眾，而且賣場裡的食材都有產銷履歷，買得安心也有保障，份量價格也相對透明，消費者也更容易控制成本。

總之，希望在這本食譜分享下，讓婆婆媽媽們、小資族、上班族或一般的小家庭，能在家庭餐桌上，用最簡單的食材和調味，做出更多的料理變化，也能節省荷包！

很感謝野人文化的邀請，當初編輯私訊說想邀我寫食譜書時，著實讓我起雞皮疙瘩三天吧，一直不敢置信，但也必須面對，畢竟寫食譜書一直是我的夢想啊，當初我開始走進廚房給自己的一個願望就是「我要寫食譜書」！謝謝野人文化，也感謝曾經幫助過我以及給我鼓勵的人，大家的支持是我最大的動力！

最後希望這本食譜書，能讓大家對料理更有想法，也收穫一些小知識，我也會繼續努力，分享更多食譜。如果大家在料理時遇到問題，需要支援時，可以到我的粉絲專頁私訊我，讓我們一起教學相長，讓廚藝大躍進喔！

Contents

作者序　002

🍳 料理小教室：不看不知道，學會嚇嚇叫，廚房絕技大開箱

- 賣場採買順序建議 …… 008
- 省錢零浪費的食材採買術 …… 010
- 賣場搶便宜 …… 011
- 常用廚具介紹 …… 012
- 廚房必備刀具 …… 014
- 量測用具 …… 015
- 常備醬料 …… 016
- 基礎常備香料 …… 017
- 快速又有效率的料理順序與技巧 …… 018
- 搞懂火候 …… 019
- 刀工小教室 …… 020
- 料理順序有技巧 …… 022
- 食材與剩食的保存 …… 023

🍳 早午餐：吃得飽又吃得好

001 | 雞肉蕈菇開放三明治 …… 026
002 | 手撕豬肉漢堡 …… 028
003 | 手撕麵包咖哩雞 …… 030
004 | 蘋果肉桂醬吐司 …… 031
005 | 火腿太陽蛋吐司 …… 032
006 | 可頌麵包烤布丁 …… 033
007 | 奶酥厚片吐司 …… 034
008 | 吐司脆餅 …… 035
009 | 法式香腸起司捲 …… 036
010 | 花生醬牛排三明治 …… 038
011 | 香蕉花生厚片 …… 040
012 | 培根起司烤菠蘿 …… 041
013 | 軟歐北非蛋 …… 042
014 | 番茄時蔬歐姆蛋 …… 044
015 | 爆漿培根蛋三明治 …… 046
016 | 蟹柳滑蛋吐司 …… 048

🍳 主食在這裡：吃飯、吃麵隨你選

017 | 什錦炒印尼泡麵 …… 052
018 | 可樂剝皮辣椒滷肉飯 …… 054
019 | 打拋豬肉炒烏龍 …… 056
020 | 肉碎乾咖哩滑蛋蓋飯 …… 058
021 | 醬油漬蛋吻仔魚蓋飯 …… 059
022 | 咖哩牛飯 …… 060
023 | 油蔥酥雞肉飯 …… 062
024 | 流心牛肉飯 …… 064
025 | 麻婆蚵仔撈飯 …… 066
026 | 麻醬涼拌麵 …… 068
027 | 蔥燒雞肉湯麵 …… 070
028 | 鮮蚵炒麵 …… 072
029 | 醬汁荷包蛋蓋飯 …… 074
030 | 鹽蔥油脆皮雞飯 …… 076

🍳 兩三下輕鬆上桌家常菜

031 | 避風塘炸雞 …… 080
032 | 鋁箔紙牛肉 …… 082
033 | 醬香滷牛肉 …… 084
034 | 啤酒培根蛤蠣 …… 086
035 | 香米拌牛肉 …… 087
036 | 白菜蛋仔煎 …… 088
037 | 豆豉五花炒油菜 …… 090
038 | 奶香咖哩蝦 …… 092
039 | 泡菜燒魚 …… 094
040 | 紅咖哩烤魚 …… 096
041 | 茄汁百菇燴魚丸 …… 098
042 | 香腸小黃瓜 …… 100
043 | 香腸菜飯 …… 101
044 | 馬鈴薯紅燒肉 …… 102
045 | 麻辣火鍋雞 …… 104
046 | 塔香虱目魚柳 …… 106
047 | 酸白菜豬血 …… 107
048 | 薑爆烏雞 …… 108
049 | 櫻桃肉 …… 110

🍳 酒食堂開張：大人的下酒菜

050 | 五味醬魷魚一夜干 …… 114

051 | 日式極品燒汁小卷 …… 116
052 | 川辣炒滷味 …… 117
053 | 香煎金針菇 …… 118
054 | 啞巴雞丁 …… 120
055 | 培根脆腐竹 …… 122
056 | 麻辣鮮蛤 …… 124
057 | 壽喜鮮蚵 …… 125
058 | 酥炸旗魚排 …… 126
059 | 黑胡椒豆芽天婦羅 …… 128
060 | 香辣年糕 …… 129
061 | 韓式起司竹輪 …… 130
062 | 蔥醬烤牛肋 …… 131
063 | 韓式辣味烤五花 …… 132
064 | 鯖魚味噌煮 …… 134

開趴嘍～宴客或派對料理

065 | 起司牛排塔 …… 138
066 | 培根肉蛋燒 …… 140
067 | 炸牛排佐和風溫泉蛋 …… 142
068 | 韓式鐵板豬五花 …… 144
069 | 墨西哥風情（玉米餅莎莎） …… 146
070 | 平底鍋蔥油餅披薩 …… 147
071 | 雙拼炸雞 …… 148
072 | 京醬肉絲捲餅 …… 149
073 | 獵人燉雞 …… 150
074 | 醬油手扒雞 …… 152
075 | 香草風味免炸雞 …… 154
076 | 醬燒銷魂排骨 …… 155
077 | 雞蛋泡泡 …… 156

增肌減脂也OK

078 | 海鮮菇絲拌龍鬚 …… 160
079 | 低卡高蛋白豆腐飯 …… 162
080 | 番茄蝦仁白花菜偽炒飯 …… 164
081 | 豬肉青花椰菜無米炒飯 …… 165
082 | 豆腐大阪燒 …… 166
083 | 柴魚沙拉拌水蓮 …… 168
084 | 蛋絲拌青花 …… 169
085 | 麻油拌枸杞地瓜葉 …… 170
086 | 韓式涼拌地瓜葉梗 …… 171

087 | 蒸魚絲瓜 …… 172
088 | 鹽蔥豆腐 …… 173
089 | 西班牙蒜香煎雞腿 …… 174
090 | 西班牙蒜香雞腿（烤箱版） …… 175
091 | 低卡鹹水雞 …… 176
092 | 香拌腐竹蒸雞 …… 177
093 | 香蒜辣炒蝦 …… 178
094 | 莎莎醬淋鮭魚 …… 179
095 | 醋溜水煮魚塊 …… 180
096 | 薯泥牛肉塔 …… 181
097 | 檸香小花枝 …… 182

我想喝個好湯

098 | 低脂雞胸花菜湯 …… 186
099 | 青江菜豆腐湯 …… 187
100 | 吳郭魚湯 …… 188
101 | 味噌鮭魚頭湯 …… 189
102 | 高麗菜蛤蜊湯 …… 190
103 | 番茄玉米瘦肉湯 …… 191
104 | 麻油雞蔬菜湯鍋 …… 192
105 | 絲瓜魚肚湯 …… 194
106 | 蓮藕蠔菇排骨湯 …… 195
107 | 蔥雞湯 …… 196
108 | 玉米筍蕈菇肉片湯 …… 197

懶到最高點，也想吃好料：簡單到炸的神級美味。

109 | 一鍋到底蒜香海鮮筆管麵 …… 200
110 | 口水雞乾拌麵 …… 202
111 | 往鍋裡丟皮蛋瘦肉粥 …… 203
112 | 大滿足罐頭牛肉麵 …… 204
113 | 老饕的手切滷肉飯 …… 206
114 | 小卷米粉（泡麵版） …… 208
115 | 阿嬤古早味颱風麵（茄汁鯖魚麵） …… 210
116 | 香辣辣拌餃子 …… 212
117 | 脆腸泡麵煎餅 …… 213
118 | 無水雞肉蔬菜鍋 …… 214
119 | 麻油松阪豬肉菜飯（電飯鍋料理） …… 216
120 | 電鍋鮭魚煲飯 …… 218

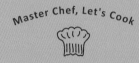

Master Chef, Let's Cook

料理小教室

不看不知道，學會嚇嚇叫，廚房絕技大開箱

· 賣場採買順序建議
· 省錢零浪費的食材採買術
· 賣場搶便宜
· 常用廚具介紹
· 廚房必備刀具
· 量測用具
· 常備醬料
· 基礎常備香料
· 快速又有效率的料理順序與技巧
· 搞懂火候
· 刀工小教室
· 料理順序有技巧
· 食材與剩食的保存

賣場採買順序建議

走進超市賣場你會先從哪一個區開始逛呢？是先到冷藏區拿盒生鮮，再到牛奶區拿一瓶牛奶，再慢慢地挑挑選選嗎？可能在你逛完賣場一輪後，生鮮、牛奶差不多都回到常溫溫度了吧！

然而結帳時店員總會告訴你：生鮮冷藏商品售出不能退換……運氣不好一點回家處理食材時，也許就遇到食材不新鮮或腐敗了呢！所以逛賣場時，對生鮮食品的溫度，自己也要做好把關喔！

建議可以從： 常溫區域 ＞ 冷凍區 ＞ 冷藏區

根據這樣的原則逛賣場的路徑大概如下：

乾糧區 ＞

醬料區 ＞

雞蛋區 ＞

水果區 ＞

冷凍區 >

加工食品區 >
（熟食或非熟食）

冷藏區 >

乳製品區 >

豆製品區 >

肉類 >

海鮮類 >

小家庭‧小資族‧單身族
省錢零浪費的食材採買術

這些年來我每天在網路上發布食譜，也因為這樣我必須每天採買食材，但食材卻不一定每天都用得完，因此必須在採買時思考，如何將食材完全運用和保存而不造成浪費，這邊也跟大家分享一些我平時運用的小技巧。

很多人一定有把原本新鮮的食材放到壞掉必須丟棄的經驗，這多半是因為採買前缺乏對食材的全盤思考……大部分人採買時，都是以今天「我想做某一道菜」為出發點去採購食材，但買菜其實必須更有規畫……採買前花個五分鐘，為食材想好出路才能徹底杜絕浪費。

‧盤點庫存，只買缺的食材

首先要「盤點冰箱食材庫存」，然後「開立採買菜單」，再依據搭配的主菜和配菜做規畫，再至賣場補貨。永遠都要以現有庫存來做菜單的規畫，到賣場後就只是添購欠缺的食材，才能做到「冰箱先進先出，不留庫存」。

‧規畫菜單互相搭配食材

做完庫存盤點後，不是馬上出門，而是「預先構思菜單」，例如冰箱剩有一盒肉片，就可構想安排（空心菜炒肉片），到賣場就可以只買空心菜就好，然而若能預想出一週菜單，將一週菜單上的食材，互相運用做搭配，就一定能抓到到賣場採買的重點，讓採買更理性。

‧節制過多不必要的採買

預先想好菜單，到賣場就只會購買需要的食材，不易被特價商品誘惑而亂買，採買時因為明確知道所需要的食材和份量，就不會亂買菜單以外的食材，或買了大份量包裝，而最後卻用不到或用不完就放到過期壞掉，這樣反而更浪費錢。

‧大份量食材也能多做變化

先有菜單也就能有效解決，因為食材大份量便宜，但擔心吃不完的困擾，例如一盒大份量的肉片，如果先想好要做香煎肉片、麻油肉片、蔬菜肉片湯等，甚至可以切絲來做拌炒菜。有了三至四種菜色備案，就算是一大盒肉片，也不怕吃到膩或放到過期壞掉。

‧一物多用零剩料

有些料理的周邊食材會重複，像是提味用的辛香料，例如炒菜會用到蒜；燉肉也會用到蒜；甚至煮湯也可以運用到……或者今天做紅蘿蔔炒蛋剩餘了 1／3 條的紅蘿蔔，也可以將紅蘿蔔切片來搭配另一道菜做配色，或者煮湯也能增加湯頭的甜味……總之，先設計好菜單，就可以將食材互相搭配，這道菜只用到一點點，沒關係……剩下的還可以用到另一道菜上，避免浪費的狀況。

最後，至於真的暫時用不完的食材，可以多利用保鮮盒、保鮮袋做收納保存，增加食材的保存期限，也是避免浪費的方法之一喔（可參考 P.23「食材與剩食的保存」說明）。

賣場搶便宜

純屬分享非廣告，各種優惠還是以各賣場為主！

賣場為了不浪費食物，都會在食品快要過期前，打折降價出清，大多數店家會在打烊前降到最低價格，也有不少賣場會選在開店時間貼上八至六折標，所以想搶便宜買打折的生鮮良品，可以稍微觀察一下所在地區賣場的打折時段，這樣也可以省下不少伙食費。打折生鮮商品都是即期食材，都必須當日或盡早烹煮完畢。

Tips

每日打烊前麵包區也會有限量的特價麵包，晚上八點後可以到賣場把隔天的早餐準備起來。

賣場不定時的特價優惠，促銷商品促銷價 / 買一送一 / 第二件商品折扣價。

常用廚具介紹

工欲善其事，必先利其器，要做好菜，使用對的廚具也很重要，中式西式料理，或者煎煮炒炸都有其適合的廚具，所以選擇廚具必須檢視自己的烹調習慣，依照需求選擇，廚具的重量、材質、清洗、保養，都是選擇廚具非常需要注意的，還有鍋具材質也須針對使用的爐具做選擇，有些鍋具會不適用現在常見的電磁爐、IH 爐等……當然選擇一個賞心悅目的廚具，除了料理更順手之外，還能增加做菜的愉悅度，煮出的菜肴肯定會大大加分，以下就介紹本書中常用的廚具。

深炒鍋

對做菜新手來說不沾鍋材質的炒鍋肯定是首選，除了不沾，也因為鍋型的深度、寬度，很適合煎、煮、炒、燉、炸，對一般家庭主婦、料理新手來說是非常足夠方便好用的。

平底鍋

不沾平底鍋，通常直徑約 26 公分，適合少人份的煎、炒料理，鍋身輕巧也好收納不占空間。

湯鍋／燉鍋

湯鍋滿建議選用鑄鐵鍋，鍋子加熱蓄熱效果好，保溫度高，在燉煮類的菜肴，能提高燉煮時的功率。

單柄湯鍋

每個家庭都必備一把單柄的湯鍋，不僅可以用來湯類料理、簡單煮麵、燙煮食材，非常符合 1～2 人的簡單料理需求。

氣炸鍋

對於我們飲食習慣而言，微波爐比較不符合我們的料理需求，氣炸鍋能完成煎、烤、炸、炒、烘焙各種工序，加熱效率上也更勝烤箱。

電鍋

這款電鍋，應該是家家必備的吧！電鍋在一般家庭中有著非常重要的角色，能變化多種料理。

烤箱

雖說氣炸鍋加熱效果和用途上
更勝烤箱,但烤箱還是有它的
獨特性的,好比有烘焙需求的
人,還是建議使用烤箱,烤
箱在溫度控制上較符合烘焙條
件,烤箱空間也較長型,例如
你想烤魚時,烤箱較能符合空
間需求。

電飯鍋

電飯鍋和電鍋幾乎都是家庭必
備主流電器,電飯鍋讓煮飯更
便捷,電飯鍋功能也不只如
此,功能也是應有盡有,可蒸、
燉、煮、炒,甚至簡易烘焙,
用途非常廣泛,方便操作,清
理簡單、而且省時間又省力。

因為前面提到鍋具選擇時,必須考慮到爐具選擇,在這裡也順道一提,常見爐
具一般就分為四種:

1 **瓦斯爐**:瓦斯爐是常見的家用爐具,火力足夠也好控制,各種鍋具幾乎都適用,缺點就是
   明火較危險,鍋具使用也容易焦黑。

2 **電磁爐**:電磁爐是利用電流產生電磁波讓鍋子發熱,所以也只能用於能產生電阻的金屬鍋
   具,爐具表面也不會發燙,安全性也比較高。

3 **黑晶爐**:利用加熱燈管加熱玻璃爐面,再導熱至爐具上,但爐面也是會發燙,所以不挑鍋具,
   缺點就是耗電量大,剛開始加熱的時間較慢。

4 **IH 爐**:IH 爐其實也是電磁爐的一種,原理相同,IH 爐的加熱速度較快,也是使用電磁圈誘
   導使鍋具加熱來產生熱,讓鍋具產生熱量,進而加熱鍋中的食材。鍋具就一定要含有金屬
   材質,但使用 IH 爐烹飪的效率會比普通電磁爐要來得更好。

廚房必備刀具

中式廚刀

一般烹飪使用，可切絲、切片、切塊、去皮，但因刀片較薄不適用於剁骨，剁骨需使用專用剁骨刀。

日式廚刀

又稱萬用刀，做一般烹飪使用，可切絲、切片、切塊、去皮。

削皮水果刀

切水果用，可去皮、去籽、切丁、切片。

鋸齒麵包刀

適合切割麵包、吐司而不易壓扁麵包。

多功能料理剪刀

剪食物專用，刀柄處可夾核桃、蟹殼與開瓶。

Tips

刀具小知識：許多人切菜切肉時常會覺得食材切不動，刀子不夠利，一般家中很少會有磨刀石，分享一個小技巧給大家，找一個家裡的瓷盤，桌上鋪上抹布防止滑動，再將瓷盤翻面，將刀子沾溼，用磁盤底部小心來回打磨，刀子會變得鋒利喔（鋸齒刀不適用）。

量測用具

許多剛進廚房下廚的朋友，常對食材、調味料的比例摸不著頭緒，所以其實對料理而言，適當使用量測器具，慢慢會在量秤數據上會有基礎認知，漸漸也能熟知調味比例和食材份量掌控，還可以幫助你更成功完成一道美味料理。

電子磅秤

一般料理食譜中，食材秤重用通常選用磅秤承重量2000g～3000g 的磅秤，通常最小單位 1g，若喜好烘焙可選擇承重量 1000g 用更精細的電子磅秤，可測量更精細；在平常使用的情境下，經常可能遇到同時要測量大重量幾公斤或精密幾克重量的情況，那就建議可以選購兩台不同規格的電子磅秤使用。

量杯

量杯可以準確的量測液體的份量和體積，煮湯或調製液狀的醬汁等，都能利用量杯做比例上的混合或添加，市面上量杯有玻璃和塑膠材質，選用時，必須考量液體材料的溫度，玻璃量杯若冷熱交換使用，溫差太大，容易爆裂喔！除了特定份量會使用量杯量測液體量，若食譜中提到 1 杯水，通常為 1 米杯的量。

量匙

量匙是最常在做菜時使用到的量測工具，用量匙舀取調味料時，是以一平匙為準喔！

標準量匙一套有四支：
1 大匙（tbsp）= 15c.c.
1 小匙（茶匙）（tsp）= 5c.c.
1/2 小匙 = 2.5c.c.
1/4 小匙 = 1.25c.c.

在英文食譜或平時會寫成：
1 大匙寫作「1 湯匙」
= 1T. = 1 Tablespoon（tbsp）
1 小匙寫作「1 茶匙」
= 1t. = 1 teaspoon（tsp）

Tips

通常在食譜上份量會有一些模糊用法：

少許／適量 = 份量依個人喜好

1 把 = 掌心撮起來的份量

1 小撮 = 大拇指和食指捻起來的份量

常備醬料

在家做菜會需要用到一些醬料與調味料，除了比較基本的糖、鹽巴之外，可再備一些可增添風味的調味料，讓你料理起來更上手喔！以下也跟大家分享一些必備的調味料。

醬油是很常用到的調味料，有薄鹽或帶有甜味的，大家可以多嘗試不同品牌，再選擇自己最喜歡的味道和品牌。

老抽又稱陳年醬油或濃醬油，也是醬油的一種。色澤較深，味道和一般醬油差不多，適合輔助菜肴上色，想讓菜色更美觀，滷肉時就非常需要搭配一點老抽。

蠔油和醬油膏，兩個味道差不多，所以也常常被混在一起，但蠔油較鮮鹹、醬油膏偏甜。但是蠔油風味更明顯獨特，所以只要依照喜好選擇蠔油或醬油膏，另外蠔油和素蠔油，就分別是用鮮蠔和香菇熬製，所以也是依照需求選擇即可。

米酒用來去腥、提味、醃製的材料，幾乎所有菜肴都會需要用到酒。

烏醋的顏色深，稍微會影響料理成品色澤，較常使用在如醬汁、燉煮料理，不易影響顏色，滷煮時加入，經過煮後的酸味較柔和；起鍋前撒上，則嗆出酸香增加風味。

白醋是醃製許多醬菜，或提升酸味的主要調味料，酸味足夠，適合開胃、解膩以及增加酸味使用。

味醂是帶有甜味、類似米酒的調味料，日式料理中很常使用到，能幫助食材去除腥味，也會讓食材更有日式風味。

韓式辣醬是韓式料理的必備醬料，常在韓式拌飯、部隊鍋、烤五花肉中出現。有分成採用糯米辣椒製做的微辣版，或一般辣椒製作的正常辣度版。冰箱常備一罐，拌麵、拌飯也很適合。

常用的 4 種油

麻油：傳統台灣味很常用到的油品。也可用在許多料理中增添香氣，但麻油高溫加熱太久容易有苦味，需要小心控制火候。

香油：香油與麻油類似，也是由芝麻製成，雖然適合用來炒菜，但香油更適合起鍋前加入來增添香氣。

調合油：調合油是以兩種或兩種以上食用油種的油品調合，綜合各種油的優點，所以適合煎煮炒炸。

橄欖油：橄欖油營養價值高，但是價格較貴，炒菜比較不香，比較適合用來做拌菜。

基礎常備香料

超市是最適合購買香料的地方，所以接著介紹幾種好用又適合常備的香料：

- **迷迭香葉**：最常運用在西式料理，醃肉或烹煮，增加特殊香氣。
- **香蒜粉**：可以代替新鮮蒜頭，料理時增加蒜香味道。
- **五香粉**：特別適合運用在醃肉或滷肉，可去除腥味，讓料理會有一種古早味。
- **義式香料**：西式香料很多種，如果不確定各個香料的氣味與用法，最適合買一罐代替各種香料的。
- **孜然粉**：孜然粉很適合加在肉類料理中，香氣特別濃郁。
- **湯用胡椒粉**：用途與胡椒很接近，但更適合用於湯品以增添香氣。
- **紅椒粉**：西式料理使用率非常高，增香上色用。
- **十三香**：用 13 種香料調配而成的香料粉，多用於炒菜，煮麵，製作臘肉類。

快速又有效率的料理順序與技巧

熱炒薄切好入味

快炒料理必須在短時間內完成，所以食材盡量切成薄片或絲狀，可減少食材在鍋中翻炒的時間並加速吸收調味料。

炸物油溫控制是關鍵；二次油炸最酥香

1 適當油溫是關鍵，適當的油溫可使食材內外熟透且外表顏色美觀，內部口感鮮嫩。油溫的高低可從竹筷子插入鍋底的情況做判斷：

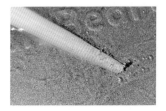

a 當筷子放入油鍋，鍋底慢慢出現油泡，此時的油溫為低油溫，大約是攝氏120～140度。

b 當筷子放入油鍋，筷子周圍出現許多泡泡，此時的油溫大約在攝氏150～160度。

c 當筷子放入油鍋且未碰到鍋底，周圍迅速產生許多油泡，並向周圍散開，此時溫度大約為攝氏160～180度。

2 油炸要吃得香酥卻不油膩，二次油炸法是其中的祕訣；放入食材時先用中小火炸至內部熟透，當外表呈現漂亮的金黃色澤立即撈起，再一邊轉大火拉高油溫，並放入炸物回炸約 10 秒鐘逼出多餘油脂，最後再撈出瀝油。

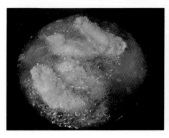

搞懂火候

「火候」在做烹飪料理時是非常重要的，如果能掌控火候就是美味的關鍵，對自己家裡瓦斯爐的火候有足夠的掌握度，隨時依照食物的狀態去調整火候，才能做出一道口感、口味都恰到好處的美味料理。

大火

適合快炒、蒸煮、油炸較小塊食物等。炒菜時用大火，特別在炒青菜、海鮮類時，大火快炒可以讓蔬菜、海鮮迅速熟透避免出水或過老。蒸煮時也要用大火，才能使蒸氣充足，讓食物快速熟成，在油炸體積較小或者不能久煮的食物用大火，才能保持不過老或具有外酥內嫩的口感。

中火

適合煲湯、煎炸較大塊食物、油炸體積較大的食物用中火，才能把食物內部炸熟。在煮湯時，不需長時間燉煮的料理，例如排骨湯、雞湯適合用中火熬煮。中火通常適合不會控制火候的人，對大火烹調沒有把握時，就可以利用中火烹調。

小火

用於燉菜、煎蛋、煎餅等，為了讓食材均勻的慢慢熟透，需要保持熱度但又怕容易過熟的菜。例如，燉菜則是要讓食材軟化，小火保持沸騰的溫度，讓食材煮至軟爛。

刀工小教室

刀工重要嗎？

刀工切法除了會影響食材的熟成度。一道料理要好吃就是要「色香味美」，而「色」就表示這整體的視覺，所以一道料理看起來要好吃除了配色外，當然就是刀工。好比「宮保雞丁」，必須以丁狀來呈現，如果切成條狀或小碎丁，以整體視覺來說就先扣分嘍！

以下是常見幾種刀法，通常切菜備料時，經常看到以下幾種詞：切條、切塊、切片、切丁、切絲、切末、滾刀，大家練習刀工也可以選用紅、白蘿蔔比較好切，適合拿來練習刀工。

切條／柳

切條（豬肉條／紅蘿蔔條）或切柳（雞柳條／魚柳條），外型都是比較直長的，食材切成長度 4～6 公分，寬度約 0.5～1 公分的條狀，練習時，可先將食材切成 1 公分厚的長方厚片，再切成條狀。

切丁

就是將食材切成 1 公分左右的小正方體。切丁則會運用到前面的條狀，把條狀再一起切成小丁狀。

切片

食材切成 0.1 到 0.2 公分的片狀。切片是最容易切到手的切法，要注意食材不要滑動，先將食材放穩，再慢慢地切片，要小心不要切到手。

切絲

將食材切成 0.1 到 0.3 公分的細絲狀，先切成上述的片狀，再將幾片薄片疊擺放在一起之後，耐心地切成細絲狀。

切末

在食譜上也會說切碎狀，先把食材切成薄片狀後再切絲，切成絲後，抓成一整束，再慢慢地切成細末狀。

切塊／滾刀切塊

切塊就是切成好入口的立體狀，先切成約 2～3 公分的長方體，再切成立方體，可依照料理的需求，去更改形狀與大小。
右圖用紅蘿蔔示範滾刀切法，切的時候刀不動，只要轉動食材，切出來的塊狀就是滾刀塊。需要注意切滾刀塊時，左手一定要拿穩食材，隨著持菜刀右手切塊後再慢慢滾動。

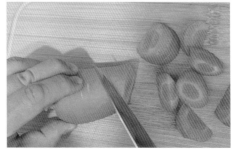

料理順序有技巧

有人做一頓飯花了快 2 小時還搞不出名堂，但也有人卻可以在 1 小時內搞出一桌飯菜，大家看食譜書上的作法看似輕鬆，但照著做卻還是手忙腳亂。這是因為食譜上雖然說明料理的操作步驟，但不會說明預先處理、備料的順序。以下有幾點小訣竅跟大家分享，可以幫助大家在做菜時更有條理也更快速。

·一定要先洗米煮飯
白米在電鍋煮好後，燜一下會更軟 Q 好吃，過程至少要 30 分鐘，若備菜完發現忘記煮飯，等待的同時可能菜都冷了，所以先煮飯再備菜，煮飯過程來備菜時間綽綽有餘。

·食材或工具要先備好
烹調開始前先清點食材，確定需要預先處理的步驟，才能用最有效率的方法完成料理。肉類食材的退冰、烤箱預熱，一切可以預先完成的步驟都必須先安排起來。

·較慢熟、需要燉煮的料理先下鍋
以滷肉為例，食材前處理煎炒爆香後，下鍋需長時間烹調後才會入味，在等待的時間就可以準備下一道菜，也才能方便在最後同時端上餐桌。

·冷掉食用也不影響口感味道的先烹調
例如汆燙的料理，燙青菜、水煮海鮮，這些料理有時是涼涼吃更好吃，都可以預先處理。

·熱熱才好吃的最後料理
油炸食物需要酥脆口感，若起鍋後沒馬上吃酥脆感會整個跑掉，所以一定要最後再烹調這類料理，起鍋盛盤，上桌馬上開動。

Tips

● 如果同一個鍋子可以連續烹煮，那就直接下鍋烹煮，節省清洗程序，像炒青菜等清淡的料理，起鍋後用餐巾紙沾水，把鍋子擦乾淨就可以直接料理下一道菜。

● 料理過程中，洗鍋子也是最影響料理速度的一個環節。鍋子洗好遇水降溫，熱鍋又要等候幾十秒，反反覆覆很浪費時間。而且不沾鍋不能在熱鍋狀態清洗，這樣反而容易釋放有毒物質，所以帶有醬汁、或是味道重的，一定非洗不可的料理，就留到最後一道做料理，這樣也可省略很多時間喔！

食材與剩食的保存

就算是廚神在準備食材也不可能剛好，肯定都會有用剩或是吃不完的食材，這時我通常會使用保鮮盒或保鮮袋來處理剩下的食材，以下跟大家分享我的一些保存方式和技巧。

保鮮盒

大家可以準備一些透明的玻璃或塑膠材質保鮮盒，這樣可清楚目視食物的狀況，取用時更方便能清楚確認食材的種類。

一些吃不完的食物可以使用保鮮盒保存，這樣有醬汁或是帶有氣味的菜肴也不會散發出味道，影響到冰箱的氣味與整潔，也不容易因為使用袋子包裝而有破掉讓湯汁滴出的風險。使用可加熱或微波的器皿要再復熱時，也可直接放進微波爐很方便。

夾鏈保鮮袋（密封袋）

用在食品的保存、料理、醃漬甚至是收納上都很方便，分裝水果、蔬菜、肉品、魚、乾貨等各種食材，再放入冰箱冷藏或冷凍。選擇保鮮袋時，也必須挑選袋子的密封強度、厚度、尺寸、耐冷或耐熱溫度，依據各種條件做選擇。

食材保存處理訣竅

1 瀝乾食材水分，清洗過的食材一定要瀝乾或是擦乾水分，以免滋生細菌，放進冷凍保存時，也不會形成結霜，影響食物口感。
2 切成薄片或小塊，將食材切成薄片或小塊狀較易解凍，料理時也更方便。
3 鋪平擺放收納，將食材鋪平，取用時才不會糾結成團。
4 善用保存容器，並且放入冰箱前先貼上日期，就不會放到忘記或吃到冷凍過久的食物。

Tips

夾鏈保鮮袋真空小技巧

使用夾鏈保鮮袋包裝食材時 可將空氣排出，如此能預防食材氧化，也能延長保存時間，還能減少存放空間。若沒有真空機，也可以準備一鍋水，保鮮袋放入食材後，放入水中，袋口露出水面，利用水的壓力將空氣排出再將封口密封，就能達到真空效果嘍！

早午餐

吃得飽又吃得好

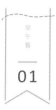

雞肉蕈菇開放三明治

幸福生活從自己做早餐開始，
將賣場的各式麵包稍微做變化，
來點儀式感滿滿的早餐。

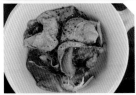

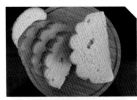

材料

哈斯麵包…1顆
雞腿肉排切片…200克
各種菇類…100克
菠菜…1把
奶油乳酪…50克

調味料
醬油…1匙
米酒…1匙
黑胡椒…少許
鹽巴…少許

作法

1 哈斯麵包切片。

2 雞腿肉用米酒、醬油、黑胡椒鹽漬，菠菜洗淨切小段。

3 平底鍋不放油，將雞腿肉下鍋乾煎至兩面金黃熟透（雞皮面先煎），再取出剪成小塊備用。

4 原鍋放入蕈菇，利用鍋內雞油炒至軟化，再放入作法3的雞腿肉翻炒至熟透，起鍋備用。

5 鍋子補點油，放入菠菜翻炒軟化，再放入奶油乳酪，撒點鹽巴、黑胡椒，拌勻。

6 麵包稍微烘烤至酥脆，抹上作法5的菠菜乳酪，鋪上蕈菇雞肉就能美味上桌。

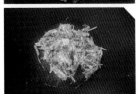

手撕豬肉漢堡

手撕豬肉是百搭料理，
這道食譜作法也算是懶人作法，
將食材往電飯鍋裡丟就能完成。

材料

手撕豬肉
豬梅花肉…300克
蔥段…20克
薑片…20克
蒜頭…20克
辣椒…10克
花椒…5克
八角…1顆
醬油…3大匙
米酒…2大匙
胡椒粉…1匙
冰糖…1大匙

漢堡
漢堡包…1個
生菜…適量
洋蔥絲…適量

作法

1 將手撕豬肉的材料全部混合，放入電飯鍋內鍋，用煲湯模式燉煮。

2 中途打開電飯鍋，將豬肉翻面均勻吸附醬汁，再繼續燉煮。

3 燉煮完成後，稍微放涼，再將豬肉捏碎即可。

4 漢堡組裝：漢堡包依喜好包生菜、洋蔥和手撕豬肉即可。

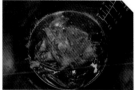

Tips

1 手撕豬肉可以用來拌飯、拌麵、拌菜、做刈包、夾吐司，甚至包春捲都適合，真的很百搭。

份數
1～2人

使用器具
炒鍋

食材成本
約80元

手撕麵包咖哩雞

賣場麵包區的手撕麵包軟嫩有著濃郁奶香，
配上濃郁的黃咖哩，
一口麵包一口咖哩，
就是超級滿足的一餐。

材料

手撕麵包…1顆	馬鈴薯丁…50克
黃咖哩醬…1包	洋蔥丁…30克
雞腿肉丁…200克	牛奶…250毫升
紅蘿蔔丁…50克	水…150毫升

作法

1 手撕麵包中間壓出凹槽備用。

2 炒鍋放少許油，將雞腿肉丁煎至金黃，再放洋蔥丁炒出香氣，再放紅蘿蔔和馬鈴薯，加入咖哩醬翻炒出咖哩醬香。

3 加入水煮至紅蘿蔔和馬鈴薯軟化，再加入牛奶煮開即可。

4 將煮好的咖哩盛裝至麵包中，或直接淋上即可享用。

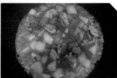

Tips

1 咖哩醬包方便適合少人數料理，連調味都能省略，綠咖哩、紅咖哩醬包都能搭配也各有風味。

2 小提醒：敢吃椰奶的人，也可將牛奶換成椰奶，但牛奶或椰奶過度烹煮會乳水分離產生凝乳，所以用水將食材燜煮熟透，再加牛奶煮開即可。

早午餐

04

蘋果肉桂醬吐司

酸甜濃郁的肉桂蘋果醬，可以用來抹麵包或搭配甜點，
肉桂粉和蘋果非常搭，非常值得試一試。

材料

厚片吐司…1片
蘋果…150克
肉桂粉…1大匙
砂糖…30克
黑糖…30克
奶油…40克

作法

1 蘋果去籽切小丁。

2 平底鍋開小火，將20克奶油融
化，再放入蘋果丁、砂糖、黑糖
和肉桂粉。

3 小火拌炒出水，再熬煮至濃稠即
為蘋果肉桂醬。

4 厚片吐司劃刀成九宮格（方便食
用）。再起平底鍋，融化其餘奶
油，再放入吐司煎烤至金黃。

5 吐司淋上蘋果肉桂醬即可。

Tips

蘋果肉桂醬熬製時記得用小火並不停攪拌，才不會焦鍋。

早午餐

05

火腿太陽蛋吐司

簡單美味的火腿太陽蛋吐司,烤至吐司邊酥脆,
包裹著火腿流心蛋,再淋上酸酸又甜甜的番茄醬和沙拉醬,
就是特別美味。

材料
厚片吐司…1片
雞蛋…1顆
圓形火腿片…2片

調味料
番茄醬…適量
美乃滋…適量

作法
1 厚片吐司中間用湯匙壓成凹狀。
2 將火腿片切半,鋪在吐司凹槽上。
3 中間凹槽打入雞蛋。
4 放氣炸鍋以攝氏160度烘烤8分鐘,或烤箱以攝氏180度烤10分鐘,淋醬即可享用。

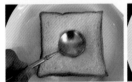
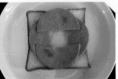
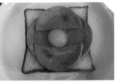

Tips
氣炸鍋或烤箱,烘烤前記得先預熱至少10分鐘,烤箱料理的食譜書上,都會強調「烤箱預熱」的步驟,
若想要省略這個過程,成品肯定會跟預期的有一大截落差,因為市面上的烤箱不可能在開關一打開就急
速上升到你需要的溫度,所以這個事先準備的動作非常重要。

份數	使用器具	食材成本
1～2人	烤箱	約60元

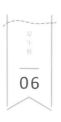

早午餐

06

可頌麵包烤布丁

可頌麵包小改造成麵包布丁，表面酥脆裡面鬆軟，濃郁布丁香甜又可口，可頌麵包也可以換成吐司，做成吐司布丁。烤好後放點香蕉、草莓、藍莓好吃又好看。

材料

可頌麵包…120克
牛奶…200克
砂糖…20克
雞蛋…2顆
糖粉…少許

作法

1 雞蛋加牛奶和砂糖，攪拌混合均勻，即為布丁液。

2 準備烤碗或深烤盤，放入可頌麵包，再倒入布丁液

3 靜置10分鐘，讓麵包吸飽布丁液，烤箱預熱至攝氏180度，再放入烤25分鐘。

4 烤好後，撒點糖粉即完成。

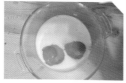   

Tips

也可使用微波爐更快速，用高火力微波加熱4～5分鐘即可。

早午餐

07

奶酥厚片吐司

酥酥脆脆又濃郁，
超級簡單奶酥厚片。

材料

厚片吐司…2片
奶油…50克
低筋麵粉…50克（奶粉亦可）
砂糖…20克

作法

1 將奶油放室溫至軟化，再將軟化
　的奶油和砂糖、麵粉混合拌勻即
　為奶酥醬。

2 吐司塗上奶酥醬，再用刮刀畫出
　紋路。

3 烤箱預熱至攝氏200度，烤10分
　鐘。

4 取出後香噴噴的奶酥厚片就可以
　享用了。

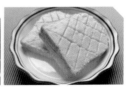

Tips
奶酥醬密封罐保存，可冷藏保存7天，冷藏後會變硬，食用前放室溫下一些時間就會變軟。

早午餐
08

吐司脆餅

酥酥脆脆的吐司餅，超級簡單的作法，
當成早午餐、下午茶、小點心，
酥脆口感會讓你一口接一口停不下來。

材料
吐司…2片
奶油…20克
蜂蜜…20克
砂糖…20克

作法

1 吐司二片各分切成四等份。奶油放進烤箱稍微加熱至融化。將吐司刷上奶油和蜂蜜，再撒上適量砂糖。

2 烤箱預熱至攝氏180度，放入吐司。

3 烤約10分鐘，待吐司呈金黃色即完成。

4 裝盤，再沖杯咖啡即可以享用。

Tips

吐司烤到上色後，須特別注意觀察以免烤焦影響口感（上色程度和烤的時間仍須以每台烤箱的加熱程度稍作調整）。

法式香腸起司捲

10分鐘搞定的快手早餐，
濃郁的奶香和蛋香吐司，
包覆脆口多汁的脆腸，
口感&肚子都滿足。

份數
1～2人

使用器具
平底鍋

食材成本
約80元

材料

吐司…3～4片
德式脆腸…2條
雞蛋…1顆
起司片…3～4片
糖粉…適量（可略）
奶油…適量

作法

1 吐司去邊切半，用擀麵棍將吐司壓平。
2 起司切半，香腸切開。
3 吐司依序放上起司、香腸，再捲起用竹籤固定。
4 再將吐司捲蘸裹蛋液。
5 平底鍋加熱將奶油融化，放入吐司捲煎至金黃。
6 起鍋撒點糖粉即可享用。

Tips

蛋液中也可依喜好加點牛奶，會多一點奶香味。

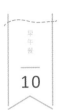
花生醬牛排三明治

吐司搭配濃郁花生醬，
包裹鮮嫩多汁的牛排，
快手美味早午餐。

份數
2人

使用器具
平底鍋

食材成本
約200元

材料

厚片吐司⋯2片
嫩肩牛排⋯2塊
黑胡椒⋯1匙
鹽巴⋯1小匙
橄欖油⋯1大匙
花生醬⋯適量

作法

1 牛排修除筋膜部分。

2 將牛排用黑胡椒、鹽巴、橄欖油塗抹醃漬10分鐘。

3 用平底鍋小火加熱將吐司先烤香，取出塗抹花生醬。

4 平底鍋熱後續放入牛排，兩面各煎1分鐘，取出靜置5分鐘。

5 將花生醬吐司夾牛排，再分切成小塊即可。

Tips

1 牛排煎煮前再醃漬即可，因為使用鹽巴醃漬會出水，反而會將肉汁排出，煎出來的牛排就不JUICY了。

2 牛排醃漬時加橄欖油，所以煎牛排可不必多加油。

份數
1人

使用器具
烤箱

資材成本
約15元

早午餐

11

香蕉花生厚片

花生吐司是早餐店經典的早餐之一，
花生醬的香氣讓口齒留香，
搭配香蕉更甜香，營養也更加分。

材料

厚片吐司…1片
香蕉…1根
花生醬…20克

作法

1 吐司抹上花生醬。

2 烤箱預熱至攝氏180度，將花生吐司放入烤8～10分鐘。

3 將香蕉切片，放在烤好的吐司上即完成。

Tips

香蕉易氧化變黑，雖然變黑不影響口味和口感，但看起來就醜醜的，所以香蕉切片後請盡早食用。

早午餐

12

培根起司烤菠蘿

以經典的菠蘿麵包稍加改造，
奶油培根香，再撒滿起司絲，
稍微烘烤後又香又脆。

材料

菠蘿麵包…1顆　　奶油…10克
培根片…2片　　　黑胡椒…少許
洋蔥碎…30克　　乾羅勒…少許
焗烤起司絲…適量

作法

1 培根切碎。平底鍋放奶油加熱至
　融化，放入培根、洋蔥碎，加點
　黑胡椒炒香。
2 將菠蘿麵包用刀劃開成米字形。
3 均勻鋪上炒好的洋蔥培根。
4 再撒上適量起司絲。烤箱以攝氏
　180度烤15分鐘，或氣炸鍋以攝
　氏160度烘烤10分鐘。
5 烤好後撒點乾羅勒即可享用。

Tips

氣炸鍋與烤箱因加熱方式不同，氣炸鍋加熱通常比烤箱溫度高攝氏 15～20 度，所以若使用氣炸鍋烘烤，
時間也可減少約 5～10 分鐘。請依使用的器材調整烤溫和時間。

軟歐北非蛋

紅紅火火的健康早午餐，賣場的穀物歐式麵包，
沾附酸甜濃郁的番茄肉醬，加上滑口半熟蛋，
健康又營養，搭配各種麵包都非常合適。

材料

歐式麵包⋯2～3人份
番茄沙司⋯100克
絞肉⋯100克
雞蛋⋯2顆
紅蘿蔔碎⋯50克
馬鈴薯丁⋯50克
洋蔥碎⋯50克

黑胡椒⋯少許
鹽巴⋯2小匙
羅勒葉香料粉⋯少許
米酒⋯1大匙
水⋯1碗

作法

1 平底鍋加少許油,將絞肉炒至變色,再放入洋蔥碎、紅蘿蔔碎、馬鈴薯丁炒香。

2 加入番茄沙司,均勻翻炒,再加入羅勒葉香料粉、鹽巴、黑胡椒和米酒炒香。加入水翻拌均勻後,熬煮至濃稠。

3 用湯匙挖出2個洞,打入雞蛋。

4 蓋上鍋蓋燜煮至雞蛋成喜愛的熟度,再撒點羅勒葉即完成。

Tips

1 羅勒葉香料粉若平時不常使用,也可以使用新鮮的九層塔碎、香菜碎。

2 若喜歡起司風味,也可以在作法4時,放點起司絲或起司片。

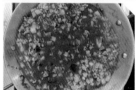
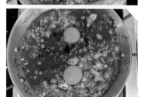
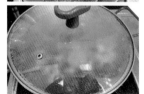

番茄時蔬歐姆蛋

輕鬆搞定有儀式感的早餐，
口感味道超級棒喔！

份數
1～2人

使用器具
平底鍋

食材成本
約70元

材料

培根…4片	香菇…50克
雞蛋…3顆	牛奶…50克
紅蘿蔔…50克	鹽巴…1小匙
洋蔥…50克	黑胡椒…1匙
番茄…50克	橄欖油…2大匙

作法

1 培根和紅蘿蔔、洋蔥、番茄、香菇都切成小丁。

2 雞蛋加牛奶，加少許黑胡椒，打散備用。

3 平底鍋熱鍋後加橄欖油，倒入作法2的蛋液，再用筷子將蛋不斷翻拌，直到雞蛋凝固但成滑嫩狀態，再對折即可取出盛盤。

4 不用洗鍋，再放1匙橄欖油，放入培根丁先炒香後，再放入作法1的時蔬蔬炒至熟透，撒點鹽巴、黑胡椒調味即可。

5 將炒好的培根時蔬鋪在歐姆蛋上即可。

Tips

時蔬配料可以依照自己喜好更換，櫛瓜、彩椒都適合。

爆漿培根蛋三明治

一口咬下會爆漿,非常誘人,
裡面也可以放上喜愛的食材,
怎麼搭配都好吃,口感超豐富,
開啟元氣滿滿的一天。

份數
1人

使用器具
烤箱或
氣炸鍋

食材成本
約60元

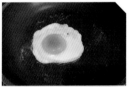

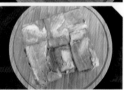
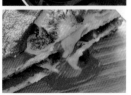

材料

吐司…2片
培根片…6片
雞蛋…1顆
起司…1片
美乃滋…適量

作法

1 平底鍋熱加1小匙油,打入雞蛋,在雞蛋邊邊加1大匙的水,蓋上鍋蓋,用半煎煮的方式,讓水氣幫助蛋表層熟透,蛋黃則保有半熟口感。

2 吐司1片,抹上美乃滋。

3 再擺上半熟蛋和起司片,再蓋上另一片吐司。

4 最後用培根片包起來。

5 氣炸鍋以攝氏180度烤8分鐘,或烤箱以攝氏200度烤13分鐘即完成。

Tips

培根可選擇輕食培根,沙拉醬選擇低卡沙拉醬,吃起來才不膩口。

蟹柳滑蛋吐司

快手早午餐。
滑蛋8分熟度,絲滑口感,
蓋在濃郁奶油香氣的吐司上,
非常適合當早午餐,味道很棒。

份數
2人

使用器具
平底鍋

食材成本
約75元

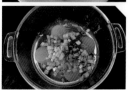

材料

吐司…1片
雞蛋…4顆
蟹肉棒…4根
蔥花…20克
辣椒末…10克
牛奶…10克
奶油…20克

調味料
醬油…1匙
黑胡椒…少許

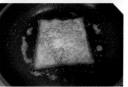

作法

1 蟹肉棒手撕成條狀。
2 打蛋加入調味料,牛奶、蔥花、辣椒末(辣椒可略)。
3 平底鍋放入奶油加熱至融化,放入吐司煎至兩面焦香,起鍋擺至盤中。
4 不洗鍋放蟹肉棒炒出香氣。
5 轉大火再倒入作法2蛋液不斷輕輕攪拌,讓熟度均勻呈現滑嫩感且定型即可。
6 將作法5滑蛋蓋在作法3的吐司上即完成。

Tips

1 若不吃辣,辣椒可以省略或將辣椒去籽再切末,就不會辣口。
2 滑蛋要軟嫩滑口,可加牛奶或鮮奶油。將鍋子燒熱後加油,倒入蛋液不斷輕拌至定型,可以讓雞蛋的口感更有層次。

Master Chef, Let's Cook

主食在這裡

吃飯、吃麵隨你選

什錦炒印尼泡麵

這款印尼泡麵不得不分享一下，
不只便宜，而且非常好吃，
這裡分享的作法是我一個印尼朋友傳授的方式，
更凸顯泡麵的濃郁美味。

材料

印尼炒泡麵…2包
蒜末…20克
高麗菜絲…50克
綜合火鍋料…300克
蔥花…少許
水…2杯

作法

1 綜合火鍋料斜切成小塊。
2 炒鍋放1匙油炒香蒜末，再放入火鍋料翻炒均勻。
3 再加入泡麵的調味料包。
4 續加高麗菜絲翻炒均勻後，加入2杯水煮開並放入麵條。
5 將麵條煮軟並收乾水分，再將麵條翻炒均勻。
6 盛盤後再撒點蔥花即完成。

Tips

炒泡麵方式，也可以先將麵條燙煮軟化，再將配料炒好後再拌入麵條。而本篇食譜是分享印尼在地炒麵的作法，炒好配料直接用適量水煨煮麵條，這樣做的炒泡麵，醬汁非常濃郁而且麵條更 Q 彈滑口。

可樂剝皮辣椒滷肉飯

非常簡單快速的料理，
可樂和剝皮辣椒蹦出好滋味，
調味簡單，甘甜微辣好下飯，
滷上一鍋，拌飯、拌麵或拌菜都很適合。

材料

米飯…2碗
豬絞肉…300克
蒜末…20克
洋蔥末…50克
剝皮辣椒…50克
剝皮辣椒醬汁…2大匙
鵪鶉蛋…90克
油豆腐…150克
可樂…350毫升
醬油…2大匙
米酒…1大匙
胡椒粉…1匙

作法

1 剝皮辣椒切碎，油豆腐剝成半。
2 用少許油將絞肉炒至變色後，再加入蒜末、洋蔥末、剝皮辣椒，炒出香氣後續加入醬油、米酒、剝皮辣椒醬汁、胡椒粉炒香。
3 放入油豆腐、鵪鶉蛋，再倒入可樂煮開。
4 蓋上鍋蓋，以小火燉煮30分鐘即完成。
5 滷肉淋在白飯上即可享用。

Tips

1 這道食譜的辣度是微辣程度，可以依照自己喜好口味，添加剝皮辣椒和湯汁來調整辣度。
2 油豆腐剝開可以幫助吸收湯汁好入味。

主食

19

打拋豬肉炒烏龍

做一道正宗的泰式料理，必須準備各種香料和調味料，
但若直接用調味包，就能省卻許多備料時間，
簡單又道地的料理，輕鬆上桌嘍！

材料

豬絞肉…300克
烏龍麵…2人份
打拋豬肉調味包…1包
洋蔥末…50克
蒜末…20克
蔥花…30克
辣椒末…20克（去籽）
九層塔…1把
水…1碗

作法

1 烏龍麵泡熱水軟化，瀝乾備用。

2 炒鍋少許油將絞肉炒至變色，再加入蒜
末、洋蔥碎炒出香氣。

3 加入1包打拋豬肉醬（此比例為中辣口
味，可以依喜好增減醬料），翻炒均勻
後，再加入1碗水煨煮。

4 煨煮至湯汁濃稠。

5 放入麵條、九層塔、蔥花和辣椒末，翻
拌均勻即完成。

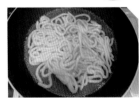
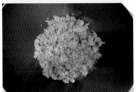

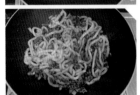
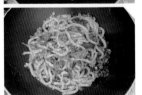

Tips

1 冷藏的烏龍麵為熟麵，只要用熱水浸泡，
麵條軟化即可。

2 淋點檸檬汁或加點番茄或是彩椒丁可以更
解膩。

份數 1～2人 　使用器具 平底鍋 　煮材成本 約150元

主食

20

肉碎乾咖哩滑蛋蓋飯

有別於一般湯汁較多的咖哩，乾咖哩作法更為簡單快速，
一樣是超級下飯，而且更爽口。

材料

米飯…1～2碗	蒜末…20克
咖哩…3小塊	雞蛋…2顆
絞肉…200克	
洋蔥末…30克	水…100毫升
	牛奶…150毫升

作法

乾咖哩

1 平底鍋放少許油將絞肉炒香，再放蒜末、洋蔥末翻炒均勻。

2 加入水和咖哩塊，將咖哩塊煮至熔化，再加入100毫升牛奶，中小火煮至收汁即可。

滑蛋

1 將2顆雞蛋加50毫升牛奶，攪拌均勻。

2 平底鍋倒入少許油後熱鍋，倒入蛋液，蛋液從鍋邊慢慢凝固，再用筷子，將凝固的蛋不斷往內撥，直到雞蛋凝固但成滑嫩狀態即可。

Tips

因為乾咖哩是將醬汁濃縮，咖哩塊的味道非常足夠，所以不須再多做調味囉！

主食

21

醬油漬蛋吻仔魚蓋飯

鹹香甜美的「醬油漬生蛋黃」，冰過直接拌飯吃，
濃郁的蛋黃裹在米粒上，吃起來爽口開胃，
這道料理的作法與食材其實超級簡單，
當成早餐、便當、午餐、晚餐都非常適合。

材料

米飯…1～2碗　　**醬油漬蛋**
吻仔魚…100克　蛋黃…1～2顆
蒜末…10克　　　日式醬油…3大匙
蔥花…30克　　　味醂…2大匙
鹽巴…1小匙
胡椒粉…1小匙

作法

1 醬油漬蛋：將醬油和味醂混合均
勻，取生蛋黃放入浸泡，冷藏醃
漬24小時後，漬蛋即完成。

2 平底鍋加1匙油，炒香蒜末再放入
吻仔魚炒至呈微微金黃，加點鹽
巴和胡椒粉調味。

3 米飯撒上蔥花，鋪上吻仔魚，再
擺上醬油漬蛋即可。

Tips

漬蛋以醬油和味醂直接醃漬，雖然味醂有含酒精成分，但因未經過加熱只能達到去腥效果，所以請選用
生食等級雞蛋，可以吃得比較安心。

咖哩牛飯

咖哩牛加了蘋果,
能讓咖哩味道更濃郁,
還會帶點水果香氣。

份數
2人

使用器具
炒鍋

食材成本
約250元

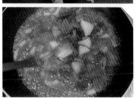

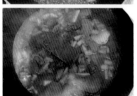

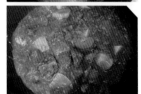

材料

米飯…2碗
牛肩里肌肉…300克
咖哩塊…4小塊
紅蘿蔔…150克
馬鈴薯…150克
蘋果…100克
洋蔥…50克
水…800毫升
雞蛋…1顆

調味料

咖哩粉…1大匙
醬油…1大匙

作法

1 牛肉切丁，紅蘿蔔、馬鈴薯滾刀切塊，洋蔥切丁、蘋果去籽切小丁。
2 熱鍋加少許油，將牛肉煸炒至焦香。
3 續放洋蔥、紅蘿蔔、蘋果丁翻炒出香氣，再轉小火。
4 加入咖哩粉炒香。
5 再加水煮開後，蓋上鍋蓋小火燉煮40分鐘。
6 放入馬鈴薯再燉10分鐘，放入咖哩塊拌煮至熔化。
7 最後打入雞蛋液拌勻。
8 將咖哩淋在白飯上即完成。

Tips

1 燉煮時間要依食用牛肉軟爛程度調整，不同部位的牛肉熟成度也不同，都可以依照自己喜歡的口感做調整。
2 煮咖哩時，再加點咖哩粉，香氣更濃。

油蔥酥雞肉飯

用賣場售的油雞改造一下，
立馬變成古早味的雞肉飯。

材料

米飯…2碗	紅蔥頭…30克	醬油…1大匙	白醋…1匙
油雞胸…1份	小黃瓜…300克	鹽巴…2小匙	砂糖…1大匙

作法

1 糖醋小黃瓜

   a 將小黃瓜切薄片，用鹽巴醃漬15分鐘，出水後擠乾水分。

   b 加白醋和砂糖，拌勻醃漬1小時，即可食用。

   c 辣椒為增色使用，也可省略。

2 油蔥酥

   a 將紅蔥頭去外膜後，逆紋切末。

   b 取油雞內的油包，倒入鍋中。

   c 再放紅蔥頭末，開小火將紅蔥頭炸至金黃後取出備用。

3 將鍋內蔥油繼續微火加熱，加入醬油，炒香醬油，再加入油雞包中的高湯1大匙，拌勻即為淋醬。

4 白飯加熱，雞肉切片或手撕成絲。

5 雞肉鋪在飯上，淋上醬汁，撒點紅蔥酥，再搭配醃小黃瓜即可。

Tips

關於醃黃瓜

1 小黃瓜挑選表面有突起的嫩刺，較為新鮮脆嫩。

2 小黃瓜用鹽巴醃漬出水後，確實將水分擠乾，可以讓醃漬後的小黃瓜保持脆口。

關於紅蔥酥

油炸至起細泡：紅蔥酥成微黃色即可撈出，不然容易焦掉，蔥油也會有苦味，先撈出後餘溫會繼續讓紅蔥酥加熱至金黃色。

流心牛肉飯

非常開胃的流心牛肉飯，
牛肉優質豐富的蛋白質，
醬汁和米飯充分融合，
搭配一顆生蛋黃加持，
幸福感都滿出來了。

份數
1～2人

使用器具
平底鍋

食材成本
約220元

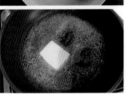

材料

米飯…1～2碗
蔥花…10克

漢堡肉排
牛絞肉…300克
洋蔥碎…100克
麵包粉…30克
雞蛋…1顆
米酒…1大匙
黑胡椒…1小匙
鹽巴…1小匙
奶油…20克（煎肉用）

醬汁
米酒…2大匙
醬油…1大匙
蠔油…1大匙
蜂蜜…2大匙
澱粉水…半碗（澱粉1：水3）

作法

1 漢堡肉排的材料混合（雞蛋黃保留備用）抓拌均勻產生
 黏性後，將絞肉摔打出空氣讓肉排可以更緊實。

2 絞肉分成2～3等份，捏成圓狀後在手中來回拍打出空
 氣，並稍微壓扁。

3 平底鍋放入奶油加熱融化

4 放肉排煎至兩面金黃定型後，加入1碗水煮約3分鐘（蓋
 上鍋蓋，讓肉排內部更容易熟透），取出肉排備用。

5 煎煮肉排的鍋子不用洗，加入醬汁用的調味料，煮至微
 微濃稠即完成醬汁。

6 米飯放上肉排，淋上作法5的醬汁，再擺上蛋黃，撒點蔥
 花即完成。

> **Tips**
> 1 澱粉水約1匙澱粉兌3匙的水，澱粉可選用太白粉、木薯粉、
> 玉米粉。
> 2 奶油也可用一般食用油代替。

麻婆蚵仔撈飯

一口鮮蚵一口飯，多麼美好啊！
蚵仔軟嫩口感類似豆腐，
搭配麻婆豆腐醬，肯定絕配。

份數
1～2人

使用器具
平底鍋・
小湯鍋

食材成本
約120元

材料

米飯…1～2人份	蔥花…少許
鮮蚵…100克	蒜末…10克
絞肉…100克	麻婆豆腐醬…1包
豆芽…100克	水…1碗

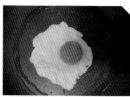

作法

1 鮮蚵洗淨瀝乾備用，煎顆半熟荷包蛋。

2 再將豆芽菜燙煮熟透，瀝乾備用。

3 炒鍋放少許油將絞肉炒至變色，再放蒜末炒出香氣。

4 依喜好辣度加入適量麻婆豆腐醬，翻炒均勻。

5 加入1碗水煨煮至湯汁濃稠。

6 再放入鮮蚵輕輕翻拌至蚵仔熟透。

7 再撒點蔥花。

8 白飯鋪上豆芽，淋上麻婆鮮蚵，再蓋上荷包蛋即完成。

Tips

1 非常方便的各種醬料，不僅可節省料理時間，也節省了準備各種調味料，更解決了調味的困擾。

2 醬料與食材任意搭配，也能配出屬於自己的美味。

三杯雞醬：可搭配米血、小卷、魚柳、杏鮑菇、豆腐、甜不辣、荷包蛋……

糖醋醬：可搭配排骨、里肌肉、蝦、魚、雞肉……

麻婆豆腐醬：可做豆瓣魚、麻辣小煮魚、麻辣燙、麻辣鴨血……

照燒醬：可做叉燒肉、照燒雞腿、照燒烏龍麵、蒲燒魚……

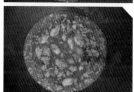

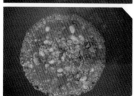

麻醬涼拌麵

芝麻醬和花生醬是黃金搭配，
特調的醬汁淋在麵條上，
若是再來一杓香辣的辣油，
一大口下去鮮香麻辣超級開胃。

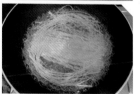

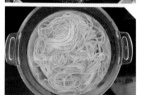

材料

油麵條⋯1人份
蔥絲⋯20克
小黃瓜絲⋯20克
蒜味花生⋯20克

淋醬

芝麻醬⋯2大匙
花生醬⋯1大匙
醬油⋯1大匙
烏醋⋯1大匙
開水⋯2大匙

作法

1 蔥、黃瓜切絲。

2 油麵條用滾水燙煮熟透。

3 麵條取出浸泡於冰水中冰鎮後瀝乾盛盤。

4 將淋醬的材料混合拌勻,即為芝麻淋醬。

5 將麵條鋪上蔥絲、黃瓜絲再淋上芝麻淋醬,撒上些許花生即可享用。

Tips

1 麵條煮熟後,浸泡冰開水可以變得更Q彈。

2 蔥絲切好也可以泡開水,減少蔥的辛辣感。

蔥燒雞肉湯麵

想要來碗好吃的湯麵，
可以簡單又快速，
蔥燒的湯頭，
清甜不死鹹不膩口。

份數
1～2人

使用器具
炒鍋

食材成本
約100元

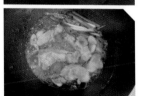

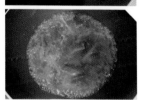

材料

雞蛋麵條…1～2人份
雞腿排肉…250克
蔥…100克
蒜頭…30克
醬油…1大匙
米酒…1大匙
胡椒粉…1小匙
砂糖…1匙
鹽巴…2小匙
水…1000毫升

作法

1 將蒜頭切片，再切一把蔥花和蔥段。

2 用少許油將腿排肉煎至金黃後，放入蔥段、蒜頭炒香。

3 再放醬油、米酒、砂糖、胡椒粉拌炒均勻，再加1碗水將雞肉煮至入味，湯汁呈濃稠狀。

4 先取出雞肉，續加入其餘水量烹煮雞湯，煮開後取出蔥蒜，再加鹽巴調整鹹度後即為雞湯。

5 另起水鍋，將麵條燙煮至熟透後瀝乾盛碗。

6 麵條盛碗後，加入作法4的雞湯，再撒上蔥花即完成。

鮮蚵炒麵

蚵仔不是只能搭配蚵仔麵線，
用來炒麵別有風味。

材料

好勁道麵條…1～2人份
鮮蚵…150克
洋蔥絲…50克
紅蘿蔔絲…30克
蒜片…10克
蔥段…20克
醬油…2大匙
米酒…1大匙
胡椒粉…1匙
砂糖…1匙
太白粉…1匙
水…1碗

作法

1 鮮蚵先用少許鹽巴抓拌後洗淨，瀝乾後再抓少許太白粉備用。

2 準備一鍋滾水將麵條煮熟透後瀝乾備用。

3 炒鍋加少許油炒香洋蔥、紅蘿蔔、蒜片再加入醬油、米酒、胡椒粉、砂糖翻炒出香氣。

4 加入水煮開，再放入鮮蚵燙煮30秒。

5 放入麵條、蔥段拌炒開來即完成。

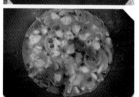

Tips

1 鮮蚵用鹽巴抓拌，更容易將雜質黏液洗淨。

2 鮮蚵加熱燙煮時間不超過1分鐘才能保有軟嫩口感。

醬汁荷包蛋蓋飯

有時實在是懶得準備吃的,但只要5分鐘,
這樣一碗平凡無奇的荷包蛋蓋飯就能上桌。
不用有肉,不用有菜,
不只能讓肚子飽足,內心也跟著滿足。

材料

米飯…1～2碗	調味料
雞蛋…2～3顆	醬油…1大匙
蒜末…10克	米酒…1大匙
蔥花…30克	烏醋…1匙
辣椒末…10克	砂糖…1匙
	水…1大匙

作法

1 平底鍋放少許油，油熱後打入雞蛋，煎荷包蛋備用。

2 取出荷包蛋後，原鍋放蒜末、蔥花、辣椒炒香，再加入所有調味料拌勻煮開。

3 再將荷包蛋放回鍋中，小火煨煮2分鐘即可。

4 白飯加熱後，將荷包蛋鋪上，淋上醬汁即完成。

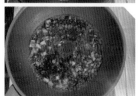

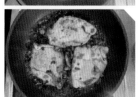

Tips

賣場的蒸煮飯真的很方便，小資族或不常煮飯的朋友，臨時想吃飯時，只要簡單加熱，可微波、可隔水加熱輕鬆就有熱騰騰的米飯享用。

常溫米飯，保存時間長，非常適合露營或租屋族，沒有冰箱可冷藏時，非常方便。

冷藏保存的米飯，有白米和養生什穀米。

鹽蔥油脆皮雞飯

皮脆裡嫩又多汁的雞腿排，
再淋上蔥香四溢的鹽蔥油醬，
這樣一碗簡單的蓋飯，
吃起來真的非常美味。

材料

米飯…1～2人份
雞腿排肉…250克
米酒…1大匙
胡椒粉…1小匙
鹽巴…1小匙
麵粉…1匙
沙拉油…1匙

鹽蔥油醬
蔥花…100克
白芝麻…10克
胡椒粉…1匙
鹽巴…1小匙
香油…1大匙

作法

1 將雞皮面戳孔，用鹽、胡椒粉、米酒醃漬10分鐘後擦乾，再撒上薄薄的一層麵粉。

2 平底鍋鍋熱後，加入1匙油再放入雞肉（雞皮面先煎，煎出雞油），雞皮面酥脆，再翻面煎至熟透，取出腿排。

3 鍋子不用洗，直接倒入香油，蔥花入鍋炒香後，加入鹽巴、胡椒粉、白芝麻翻炒均勻，完成鹽蔥油醬。

4 切好的雞肉放在白飯上，淋上鹽蔥油醬即可享用。

Tips

1 醃漬前將雞皮戳洞，可以幫助油脂釋放，油煎後更香更酥脆。

2 雞肉若太厚，可以稍微用刀子片薄，這樣雞肉更均勻也更容易煎透。

Master Chef, Let's Cook

兩三下輕鬆上桌

家常菜

避風塘炸雞

這料理的顏色真的是美到讓人口水狂流，
酥脆焦香的雞小腿，表面蘸裹香濃蒜酥，
真的好吃到不只舔手指，連舌頭都差點吞下肚了。

材料

雞小腿…300克	**醃料**
蒜酥…50克	雞蛋…1顆
蒜末…20克	醬油…2大匙
蔥花…30克	米酒…2大匙
辣椒末…10克	胡椒粉…1匙
胡椒鹽…適量	地瓜粉…3大匙

作法

1 先在雞小腿上劃二刀。

2 再用醃料抓拌醃20分鐘。

3 用半煎炸方式,將雞小腿炸至金黃酥脆且熟透取出備用。

4 將鍋子裡的油倒出只留一匙油,放入蒜酥、蔥花、蒜末、辣椒末,翻炒出香氣。

5 再拌入雞小腿,撒點胡椒鹽即完成。

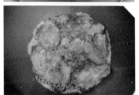

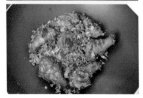

Tips

1 雞小腿劃刀會更快醃漬入味,煎炸時也能更容易熟透。

2 炸蒜酥對一般料理新手來說較有難度,所以可利用現成蒜酥,不但方便也能讓料理更簡單好上手;蒜酥可以用來煮湯品、滷肉、煮鹹粥、炒菜等,不僅能增添風味,也算是非常方便的料理食材。

份數
3～4人

使用器具
炒鍋

食材成本
約180元

材料

牛梅花肉火鍋片…200克
金針菇…1把
香菜…1把
蒜末…10克
辣椒…10克

調味料
蠔油…1大匙
胡椒粉…1 匙
太白粉…1大匙

作法

1 牛肉片加蒜末、辣椒,再用調味料醃5
　分鐘。

2 準備鋁箔紙,先鋪上金針菇,再鋪依序
　放入香菜,最上層鋪上牛肉片。

3 再蓋上一張鋁箔紙後包緊。

4 包好後放入平底鍋,蓋上鍋蓋,開小火
　燜烤15分鐘即可。

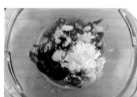

Tips

1 若使用電鍋蒸煮,外鍋放1杯水蒸熟即可。

2 也可使用烤箱,烤箱先預熱至攝氏 200 度
　後烘烤 20 分鐘。

3 氣炸鍋則以攝氏 180 度烘烤 10 分鐘即完
　成。

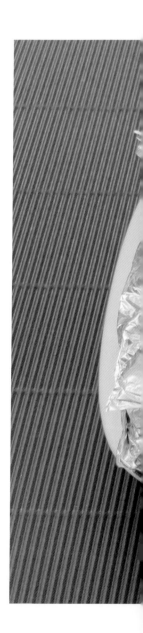

鋁箔紙牛肉

這道應該算是百分之百的懶人料理！
烹煮完連鍋子都不用洗，
若連瓦斯爐都懶得開，用電鍋也能完成，
而且簡單又快速。

醬香滷牛肉

滷牛腱要滷至軟嫩入味，
真的沒有那麼難，
只要家常必備的調味料，
烹煮不需要壓力鍋，
也不用瓦斯爐燉煮一兩小時，
也能吃到天花板等級的滷牛肉。

份數
3～4人

使用器具
湯鍋

食材成本
約400元

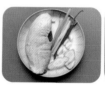

材料

牛腱肉…600克
市售滷包…1包
蔥段…20克
薑片…20克
蒜頭…20克

調味料
醬油…3大匙
米酒…3大匙
冰糖…2大匙

牛肉燙煮材料
蔥段…10克
薑片…10克
米酒…1大匙

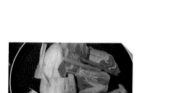

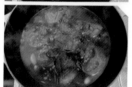
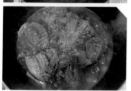

作法

1 牛腱肉先切大塊狀，準備一鍋滾水，放入燙煮用材料，薑片、蔥段、米酒，將牛肉燙煮去血水雜質，再取出洗淨。再用叉子將牛腱肉戳洞（可以幫助燉滷更入味）。

2 牛腱肉放置鍋中，再放入其他材料和滷包，加入調味料。

3 加水至食材8分滿後煮沸，再蓋上鍋蓋，用中小火燉滷45分鐘。

4 熄火靜置6小時，再開蓋將湯汁煮至稍微濃稠。

5 切塊淋上湯汁即可享用，撒點蔥花更增添風味。

Tips

燉滷料理如滷豬腳、滷肉，要將食材燉滷至入味軟嫩，其實不需一直用瓦斯爐開火燉滷，或是壓力鍋燜煮，燉滷要訣就是要「燜」和「浸泡」，食材烹煮時會膨脹，熄火靜燜時的溫度就足夠讓肉質軟化，溫度漸漸降低會收縮也會吸收醬汁使料理更入味。

份數	使用器具	食材成本
3～4人	炒鍋	約120元

啤酒培根蛤蠣

油滋滋的培根鹹香滋味，啤酒煮沸後酒精揮發，
用來燜煮蛤蠣，不需要任何調味料就很鮮甜可口。

材料

蛤蠣…300克
培根…4片
蒜末…20克
蔥花…10克
辣椒…10克
啤酒…200毫升

作法

1 先將培根切成條狀。

2 再用少許油將培根煏炒至焦香，
充滿培根香氣的油再炒香蒜末。

3 放蛤蠣後，倒入半罐啤酒（約200
毫升）蓋上鍋蓋，燜煮至蛤蠣打
開。

4 最後再撒入蔥花、辣椒即完成。

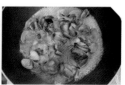

Tips

啤酒除了喝，當然還能拿來做菜，不僅可以讓料理更鮮甜，用來醃漬，可以去腥提鮮，用來調製炸物的
粉漿，可以讓酥炸後的表皮更酥脆。

份數 3～4人　使用器具 大碗　食材成本 約250元

家常菜 35

香米拌牛肉

利用「醬香滷牛肉」來做改造，滷牛腱肉切成片，
拌點調味料和辛香料，就又完成一道美味料理。

材料

滷牛腱肉…300克
蒜味花生米…50克
蔥花…20克
蒜末…20克
辣椒末…10克
香菜…20克

調味料
醬油…1匙
砂糖…1匙
香油…1匙
胡椒粉…1小匙

作法

1 滷牛腱肉切片。
2 花生米壓成碎狀。
3 將所有材料和調味料混合均勻即
　可。

Tips

賣場也有許多現成滷味，像這樣稍加改造，不只看起來色香，更加味美。

白菜蛋仔煎

這道料理似乎可以算是清冰箱料理,隨手可取得的食材,
花個5分鐘就能輕鬆完成,
很適合早午餐或下午茶、宵夜時段,突然肚子餓,
做一道這樣簡單的料理來享用。

材料

小白菜…150克
雞蛋…3顆
鹽巴…1小匙
黑胡椒粉…1小匙
太白粉…1匙
水…3匙

淋醬
番茄醬…適量
醬油膏…適量

作法

1 準備白菜和雞蛋。

2 白菜切成約1公分的小段。

3 太白粉加水拌勻成芡水，再將雞蛋加鹽巴，黑胡椒和太白粉水拌勻成蛋液。

4 用1匙油將白菜炒至軟化。

5 再倒入蛋液。用筷子在蛋中間不斷翻拌至凝固，再用鍋鏟翻面煎至焦香即可起鍋。

6 淋上適量醬油膏、番茄醬即可享用。

Tips

1 煎散蛋時，用筷子在中間翻拌的用意，是將空氣拌入，再讓蛋一層一層凝固，這會讓蛋的口感更有層次感。

2 加太白粉水的目的是為了讓蛋比較滑口，也可改用牛奶或鮮奶油代替。

豆豉五花炒油菜

這是一道非常簡單好上手的家常料理，
比較特別的調味是加了豆豉，豆豉是中式料理中很經典的食材，
跟日本的味噌、納豆一樣是發酵的豆類製品，
豆豉搭配肉類可以去腥，搭配青菜則有解澀、殺青的效果。

材料

油菜…250克
五花肉…150克
豆豉…20克
蒜末…20克
辣椒…10克

調味料

鹽巴…1小匙
砂糖…1匙
米酒…1大匙

作法

1 豆豉泡水5分鐘，瀝乾稍微壓碎。油菜切段（菜葉和菜梗分開），五花肉切絲。
2 少許油將五花肉煸炒出豬油並且微微焦香。
3 再放蒜末、豆豉翻炒出香氣。
4 放入菜梗先翻炒30秒鐘。
5 再放菜葉翻炒至菜葉軟化，以鹽巴、砂糖調味後，鍋邊熗入米酒，翻拌均勻即可。

Tips

1 豆豉鹹度高，先泡水降低鹹度，烹煮前稍微壓碎再拌炒時更能釋放香氣。
2 豆豉使用在料理上其實非常廣泛，如蒼蠅頭、豆豉蒸排骨、豆豉蒸魚等，每一道都是非常經典下飯料理。
3 炒菜小技巧：炒青菜，記得菜葉和菜梗要分開拌炒，菜梗纖維較粗先拌炒後，再炒菜葉，才不會造成菜葉過熟，菜梗不夠熟透的狀況。

奶香咖哩蝦

就算零廚藝,也能做得出超級美味的咖哩蝦,
醬汁非常濃郁,不管是配飯下酒,
保證都會讓人吮指回味。

材料

白刺蝦…200克
洋蔥碎…50克
咖哩塊…2塊
牛奶…100克
太白粉…適量
蔥花…少許

作法

1 蝦子先剪去蝦鬚、腳、尾,再開背去腸泥。

2 最後蘸裹少許太白粉。

3 鍋子放少許油將蝦子煎至兩面變紅,待蝦子約8分熟後,取出備用。

4 利用鍋內的蝦油,炒香洋蔥碎。

5 再放入咖哩塊炒出咖哩香,倒入牛奶煮出咖哩醬汁。

6 拌入蝦子,最後再撒點蔥花即可起鍋。

Tips

1 連鎖超市有賣各式的咖哩醬包,甚至有各種口味的快煮醬包(如下圖),都可利用這樣調理方式。

2 咖哩塊或咖哩醬包都是有調味的,所以烹煮時不須再另外調味非常方便。

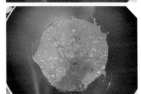

份數
3～4人

使用器具
平底鍋

食材成本
約130元

材料

吳郭魚…1尾
韓式泡菜…100克
薑絲…20克
洋蔥絲…50克
蔥段…20克

醃漬

米酒…1大匙
鹽巴…1匙
薑片…10克
蔥段…10克

調味料

醬油…1大匙
韓式辣醬…1大匙
米酒…1大匙
砂糖…1大匙

作法

1 吳郭魚洗淨，魚肉處劃刀，用醃漬的材料，米酒、鹽巴、薑片、蔥段醃漬去腥。

2 將魚擦乾水分，平底鍋放少許油，油熱後放入魚煎至兩面金黃後取出備用。

3 續放入薑絲、洋蔥絲炒香，再放調味料炒香後，加入適量水和泡菜。

4 煮沸後，放入吳郭魚煨煮至入味。

5 最後再放點蔥段配色即可。

Tips

1 吳郭魚也可以選用鱸魚。

2 魚乾煎後（也可蘸粉用煎炸方式）再燒煮，這會讓魚有迷人的煎香，也較容易吸附湯汁。

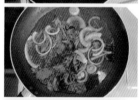

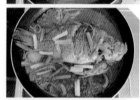

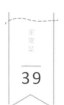

家常菜

39

泡菜燒魚

韓式泡菜絕對是家常料理少不了的重要角色，
更是廚房新手也能零失敗輕鬆煮的美味料理。

紅咖哩烤魚

利用醬料區的現成醬料，實在是非常方便，
既省時又能省去一大堆配料的準備，
非常簡單就能做出道地的料理，
色澤豔麗的紅咖哩帶點香辣滋味，辣度溫和色香味美又開胃。

份數
3〜4人

使用器具
烤箱

食材成本
約220元

材料

金目鱸魚…1尾　　　橄欖油…適量
紅咖哩醬…1包　　　米酒…1大匙
洋蔥末…100克　　　鹽巴…1小匙
檸檬…1顆　　　　　胡椒粉…1匙
香菜…適量

作法

1 鱸魚劃刀，用米酒、鹽巴、胡椒粉醃漬10分鐘去腥，再擦乾水分塗抹少許橄欖油。

2 鍋中倒入少許油炒香洋蔥末，再倒入紅咖哩醬煮滾，最後加2大匙檸檬汁煮滾。

3 鱸魚放入烤盤裡，再淋上炒好的咖哩醬。

4 烤箱預熱至攝氏200度後，放入烤30分鐘，出爐再撒點香菜末或歐芹碎即可享用。

Tips

1 賣場中的各式咖哩醬，除了紅咖哩醬是以新鮮紅辣椒和乾辣椒製作，口味香辣。還有黃咖哩和綠咖哩，黃咖哩屬於薑黃口味較溫和，綠咖哩則是含有綠眼辣椒、羅勒葉、檸檬葉、棕櫚糖等提味，口感微辣微甜。這些咖哩醬除了料理咖哩飯，烹調烤魚或咖哩鍋都非常適合。

2 若想要更有層次的風味，咖哩醬可以加椰奶熬煮，再放點番茄、馬鈴薯一起烤。

3 若沒有烤箱，可以將魚煎至金黃熟透後，再淋上熬煮好的咖哩醬，一樣非常美味。

茄汁百菇燴魚丸

經典的台味就是茄汁風味，
想輕鬆上桌，又懶得準備一堆醬汁，或者醬汁比例不會調配，
那就在超市裡選擇自己喜歡的醬包口味，
再加入喜歡的食材，就能輕鬆上桌嘍！

份數
3~4人

使用器具
炒鍋

食材成本
約120元

材料

淡水魚丸…100克
鴻喜菇…60克
雪白菇…60克
袖珍菇…60克
酸甜茄汁醬…1包
蒜末…20克
蔥段…20克
辣椒…10克
水…0.5碗

作法

1 菇類剝成小塊。

2 先以乾鍋炒香菇類，乾炒至稍微出水。

3 再加入少許油炒香蒜末，再放入魚丸，
倒入1包茄汁醬翻炒均勻後，加半碗水
燜煮5分鐘。

4 最後再拌入蔥段、辣椒即可。

Tips

醬包口味和食材的搭配沒有一定的標準，酸
甜茄汁醬也不一定只能做糖醋魚或酸甜排
骨，搭配雞肉做成茄汁蜜汁雞，拌入炒蛋做
成茄汁滑蛋，當然也可以做為調製湯品的調
味料，真的非常方便。

香腸小黃瓜

非常簡易的家常菜，卻是如此下飯，香腸大多都是烤著吃，但其實搭配來炒菜，風味更是十足。

材料

香腸…100克
小黃瓜…200克
蒜片…10克
辣椒…10克

調味料

雞粉…1匙
黑胡椒…1小匙
米酒…1大匙

作法

1 香腸和小黃瓜都切成片狀。
2 用少許油將香腸片煎至兩面焦香。
3 再放蒜片炒香後，放入小黃瓜翻炒至小黃瓜變色。
4 放辣椒並用調味料調味，最後用米酒從鍋邊熗香，再翻炒均勻即完成。

Tips

香腸除了用煎或烤和炒菜，用來做炊飯，也是一絕（請參考 P.101「香腸菜飯」作法）。

家常菜

43

香腸菜飯

跟炒飯一樣好吃的香腸菜飯，有菜有肉，米飯也有香腸的油香，只要煮一鍋，輕輕鬆鬆簡單解決一餐。

材料

香腸…100克
青江菜…100克
蒜末…10克
白米…1杯
水…1杯

調味料
醬油…1匙
黑胡椒…1小匙
米酒…1大匙

作法

1 白米洗淨瀝乾，香腸切片。
2 青江菜將菜梗和菜葉分開切，切成約1公分大小。
3 用少許油將香腸片煎至兩面焦香，放入蒜末炒香。
4 再放入白米和青江菜梗，加醬油、米酒、黑胡椒翻炒均勻。
5 再將作法4放入電飯鍋內鍋，鍋內再加1杯水。
6 按下煮飯鍵炊煮熟透。
7 最後，打開電飯鍋蓋，趁熱加入青江菜葉，翻拌均勻即可。

Tips

白米和水的比例為 1：1。

馬鈴薯紅燒肉

這道算是偏中式的馬鈴薯燉肉吧！
鹹香的滷五花肉，再讓馬鈴薯吸飽滷汁，
是一道非常鹹香下飯的家常料理。

材料

五花肉…300克
馬鈴薯…300克
薑片…20克
蒜頭…30克
蔥段…30克
辣椒…20克
蔥花…10克

調味料
醬油…3大匙
米酒…1大匙
冰糖…1大匙
胡椒粉…1匙
水…2碗

作法

1 五花肉切小塊，馬鈴薯去皮切大塊。
2 準備滾水，放少許薑片和蔥段，將五花肉汆燙去除血水雜質，再以清水洗淨瀝乾。
3 炒鍋不放油，放入五花肉煸炒出油脂，取出五花肉。
4 利用煸炒出來的油脂炒香蔥薑蒜辣椒，再加入所有調味料煮出香氣。
5 再放回五花肉翻炒。
6 加入2碗水煮沸，用小火燜煮30分鐘。
7 放入馬鈴薯煮至軟化入味，最後撒點蔥花即可（若水量不足，可適量添加水煨煮）。

Tips

五花肉燉煮或煸炒，可以先經過煸炒逼出豬油後，再利用鍋內豬油，做後續的烹調，不僅可以讓料理有著豬油香，五花肉吃起來也比較不會膩口。

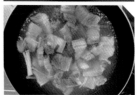

麻辣火鍋雞

利用麻辣鍋底醬的香料,炒出肉質鮮嫩又噴香的辣炒雞,
吃起來每一口都超過癮,步驟也不繁複,
輕輕鬆鬆就能做出實力派的白飯殺手。

材料

土雞切塊…600克
蒜頭…30克
薑片…30克
辣椒…10克
蔥段…20克

調味料
麻辣鍋醬…1匙
砂糖…1匙
醬油…1大匙
米酒…1大匙

作法

1 雞肉用米酒、薑片、胡椒粉（食材以外），醃10分鐘。

2 炒鍋放1匙油，將雞肉煎至焦香。

3 將雞肉撥至一邊，放入蒜頭、薑片、麻辣醬炒香，翻拌均勻。

4 加入米酒、醬油、砂糖拌炒。

5 加入約沒過食材8分滿的水，大火煮沸再煮至湯汁濃稠。

6 最後拌入蔥段辣椒即完成。

Tips

愛吃辣的朋友，火鍋底醬是不錯的好幫手，除了煮麻辣火鍋，還能做川味水煮魚、水煮牛、麻婆豆腐等，由於麻辣鍋底醬是由許多中藥材熬製而成，所以做出來的料理相較於一般使用豆瓣醬做出來的料理會更有風味。

份數
3~4人

使用器具
炒鍋

食材成本
約110元

塔香虱目魚柳

類似三杯的作法，魚柳裹上酥脆外皮，
蘸附鹹甜的醬汁，搭配塔香風味，
絕對是殺手級的下飯家常菜。

材料

虱目魚柳…250克 　 雞蛋…1顆
九層塔…30克 　 地瓜粉…3大匙
薑絲…10克
蒜末…10克 　 **調味料**
　 　 蠔油…1大匙
醃漬 　 番茄醬…1大匙
米酒…1大匙 　 烏醋…1大匙
醬油…1匙 　 砂糖…1大匙
胡椒粉…1匙

作法

1 魚柳切成約6公分長度，加入醃漬
　 材料抓拌均勻。

2 用半煎炸方式將魚柳煎炸至金黃
　 酥脆。

3 炒鍋用1匙油炒香薑絲和蒜末，再
　 加入調味料煮至濃稠。

4 最後拌入魚柳、九層塔、辣椒即
　 可。

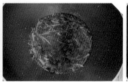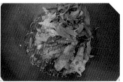

Tips

虱目魚柳鮮嫩肥美，是非常道地的食材，這種濕式熟成的魚柳，是透過低溫保存，以自然酵素軟化肉質
纖維，所以魚柳做的料理不會像一般市場的魚柳那樣乾柴。

家常菜

47

酸白菜豬血

一般豬血湯或炒豬血，通常是用芥菜製作的酸菜做料理搭配，
這道料理使用酸白菜搭配滑嫩豬血，煨煮出酸鹹滋味，
開胃下飯。

 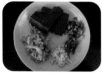

材料

水血…300克
酸白菜…100克
蒜末…20克
辣椒…10克
蔥花…10克

調味料

醬油…1大匙
米酒…1大匙
砂糖…1匙
辣豆瓣…1大匙
水…1碗
香油…1匙
太白粉水…適量

作法

1 水血切成0.5公分薄片，酸白菜洗
淨瀝乾， 用少許油炒香蒜末和酸
白菜。

2 加辣豆瓣、醬油、米酒、砂糖翻
炒後，加水煮沸2分鐘。

3 放入水血煮2分鐘。

4 用太白粉水輕拌勾芡，拌入辣
椒、蔥花，再淋點香油增香即完
成。

  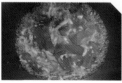 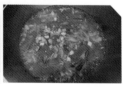

Tips

1 連鎖超市賣的水血是豬血，吃起來滑嫩可口，有別於傳統市場銷售的豬血，傳統市場的豬血口感較硬。
另外這道料理若換成鴨血，也是非常適合。

2 酸白菜用水稍微搓即可，煨煮出的酸鹹味才是風味的來源。

3 水血或鴨血煨煮時間不用太長，煨煮時間太長反而會影響口感。

薑爆烏雞

烏骨雞是滋陰補血的好食材，冬季補身時用來燉煮湯品，
平時做成炒雞料理也很適合，烏骨雞肉外焦內嫩，
薑片香甜微辣，不只作法簡單，還營養豐富。

份數
3～4人

使用器具
炒鍋

食材成本
約180元

材料

烏骨雞切塊…500克
麻油…1大匙
沙拉油…1大匙
米酒…1大匙
薑片…50克
蒜頭…30克
蔥段…20克
辣椒…10克

醃料
蠔油…2大匙
米酒…1大匙
胡椒粉…1匙

作法

1 烏骨雞洗淨後，用紙巾吸乾水分，再用
   醃料醃漬20分鐘。

2 炒鍋放入沙拉油和麻油混合，薑片和蒜
   頭以小火煸至金黃焦香後取出備用。

3 在充滿薑蒜味的油鍋中放入雞肉，以中
   小火煸炒至雞肉焦香，且水分收乾，過
   程需不斷翻拌，讓雞肉受熱均勻熟透。

4 開大火，放入煸香的薑蒜和蔥段、辣
   椒，從鍋邊熗入1大匙米酒後，翻拌均
   勻即完成。

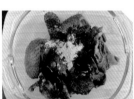

Tips

1 麻油薑料理一般人都會覺得要冬天才適合
   吃，但在其他季節或天氣炎熱時做麻油薑
   料理，可改用較嫩的嫩薑，煸香用一般油
   搭配少許麻油增加香氣，如此一樣能吃到
   美味的麻油薑料理，也不至於太上火。

2 薑片和蒜頭煸焦香必須全程小火慢煸，若
   溫度過高反而會讓薑蒜內外受熱不均，外
   層因急速加熱而過焦產生苦味。

3 雞肉煸炒過程需有點耐心，不斷翻拌避免
   底部焦掉（整個過程需約10分鐘）。

材料

豬小里肌…270克
白芝麻…少許
蔥花…少許

調味

番茄醬…1大匙
蠔油…1大匙
白醋…1大匙
砂糖…1大匙

醃漬

雞蛋…1顆
醬油…1大匙
米酒…1大匙
胡椒粉…1匙
蔥段…10克
薑片…10克
地瓜粉…3大匙

作法

1 小里肌肉切成2公分大小的小丁狀，放入醃漬材料。
2 抓拌均勻，醃20分鐘。
3 起油鍋，將小里肌肉油炸至金黃熟透。
4 原鍋倒出油，鍋內只留1匙油，加入調味醬料拌炒。
5 醬汁炒至濃稠狀。
6 再拌入炸好的小里肌肉，翻拌均勻後，最後撒點白芝麻、蔥花即完成。

Tips

酸甜的糖醋醬汁，蠔油、番茄醬、白醋、砂糖的比例是1：1：1：1，可依喜好的酸甜度做調整，喜歡酸度高，可再增加白醋或番茄醬的比例，愛吃甜就增加砂糖的比例。

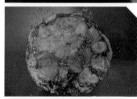

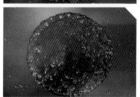
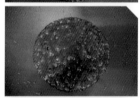

櫻桃肉

櫻桃肉作法和糖醋肉一樣,之所以稱為「櫻桃肉」,
是因為形狀是小丁狀,一小口大小,
吃的時候嘴巴只需要打開如櫻桃小口般的大小,
而且這道櫻桃肉使用小里肌肉,肉質也如櫻桃般軟嫩。

Master Chef, Let's Cook

酒食堂開張

大人的下酒菜

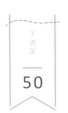

五味醬魷魚一夜干

份數
3～2人

使用器具
平底鍋

食材成本
約150元

這個魷魚一夜干曾經是這家連鎖超市熱賣的商品,所以特地將這道簡單的魷魚料理收錄在書上食譜中,一般常見都煎烤後蘸椒鹽食用,這次要跟大家分享的是蘸附五味醬口味,鹹酸甜辣,超搭的好滋味。

材料

魷魚一夜干…1尾　　　番茄醬…1匙

五味醬　　　　　　蠔油…1匙
蒜末…10克　　　　　烏醋…1匙
辣椒末…10克　　　　砂糖…1匙
薑末…10克　　　　　香油…1匙
蔥花…10克

作法

1 將魷魚水分擦乾。
2 放平底鍋,兩面用中小火各煎2分鐘,煎時用鍋鏟壓平才不會捲曲。
3 剪成小塊後即可盛盤。
4 五味醬調製:將五味醬的材料混合拌勻即可。

Tips

魷魚一夜干適合各種烹調,煎、煮、炒、炸都很適合。

1 可用烤箱以攝氏180度烤8～10分鐘,若用氣炸鍋則以攝氏180度烘烤5分鐘,再搭配椒鹽或各式蘸醬享用。
2 還可做成三杯魷魚,炒芹菜魷魚,都別有風味。

下酒菜

51

日式極品燒汁小卷

這也算是一道快手菜，日式照燒風味，
Q彈的小卷，搭配濃郁醬汁，
只要一只平底鍋就能一鍋到底搞定，
這麼簡單容易的下酒菜，還不趕緊學起來。

材料

小卷…3尾　　　　　醬汁
薑片…3片　　　　　醬油…1大匙
白芝麻…少許　　　　米酒…2大匙
　　　　　　　　　　味醂…2大匙
　　　　　　　　　　砂糖…1大匙
　　　　　　　　　　水…2大匙

作法

1 小卷去除內臟和軟骨（眼睛和嘴巴部分也可去除）。
2 再將小卷管上畫刀，並用紙巾擦乾水分。
3 將調醬汁的所有調味料混合拌勻備用。
4 以少許油爆香薑片，再放小卷煎至反白定型，倒入作法3的醬汁，煨煮至湯汁濃稠，不停翻拌小卷，讓小卷均勻蘸裹醬汁。
5 盛盤後撒點白芝麻即可食用。

Tips

1 小卷取出內臟時，要小心，盡量別把內臟弄破，否則墨囊弄破，會沾染得到處都是。
2 小卷選購可觀察身體光澤度是否夠，會發亮新鮮度較佳，新鮮小卷的表面會有一層粉紅色的薄膜，肉質白皙、摸起來彈性佳的。

下酒菜

52

川辣炒滷味

連鎖超市也賣很多熟食，像這樣各式各樣的滷味，雖然微波加熱後就可以吃，但用來下酒配飯就覺得稍嫌單調，但只要略作變化，加些配菜，再簡單調味，就增添了不少色香味美。

材料

綜合滷味…270克
青椒…100克
蒜末…20克
花椒…3克
辣椒…10克

調味料
辣椒醬…1匙
胡椒粉…1匙
香油…1匙

作法

1 炒鍋熱鍋後放1匙香油，將滷味先下鍋炒香。

2 再放入蒜末、辣椒、花椒炒出香氣。

3 加入青椒和調味料，翻炒均勻即可。

Tips

超市裡除了綜合滷味，還有滷牛肚、滷牛腱、滷雞翅、滷米血…各式滷味，都可以利用這樣的料理方式再做變化，上桌變身成宴客級的下酒菜。

份數
3～4人

使用器具
平底鍋

食材成本
約30元

材料

金針菇…200克	**醬汁**
芝麻油…少許	米酒…30毫升
玉米粉…2大匙	醬油…30毫升
檸檬角…2塊	味醂…15毫升
胡椒鹽…適量	砂糖…1匙

作法

1 金針菇根部約2～3公分處切除。

2 再將金針菇掰成小束。

3 將醬汁材料混合拌勻,再將金針菇蘸附醬汁。

4 金針菇再蘸裹薄薄玉米粉。

5 平底鍋加少許芝麻油,將金針菇煎至酥香。

6 盛盤撒點胡椒鹽再搭配檸檬角即可。

Tips

菌菇類一般來說,都不需要用水清洗,清洗會損失很多水溶性的營養成分,只需用紙巾沾溼稍微擦拭即可。

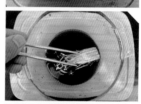

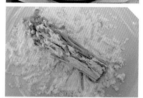

香煎金針菇

有點類似炸天婦羅的做法，
只是少了油炸，用薄薄的油煎至酥香，
撒點胡椒鹽，擠點檸檬汁，開胃又下酒。

啞巴雞丁

之所以稱之為「啞巴雞丁」，看到料理圖片就知道，這道料理爽
辣到讓人說不出話來，需要馬上來杯啤酒解解辣。但說實在這
辣度的比例算是一般人都能接受的，炸至酥脆的雞丁，拌炒辛香
料，一口脆雞一口辣椒的搭配，不只適合下酒，也很下飯開胃。

份數
3～4人

使用器具
炒鍋

食材成本
約150元

材料

去骨雞腿肉…400克
薑…30克
蒜頭…30克
紅辣椒…30克
綠辣椒…30克
花椒…5克
糖…1匙
胡椒粉…1匙

醃漬醬汁
醬油…2大匙
米酒…2大匙
胡椒粉…1匙
玉米粉…2大匙

作法

1 雞腿肉切丁，薑和蒜頭稍微壓碎再切小塊，紅綠辣椒斜切成段。
2 雞腿肉用醃漬的材料抓拌醃漬20分鐘。
3 起油鍋，油溫控制約為攝氏160度，將雞肉油炸約8分鐘至金黃熟透。
4 將油鍋的油倒出，鍋內留約1匙油，放蒜、薑、花椒、辣椒炒出香氣。
5 再放雞肉、加糖、胡椒粉翻炒均勻即可。

Tips

1 醃漬醬油可選用陳年醬油，油炸後的色澤會比較好看，玉米粉可用地瓜粉代替。
2 雞肉油炸時，雞肉分成一塊一塊放入油鍋，才不會粘黏成一坨狀。

培根脆腐竹

非常簡單的下酒小點心，
追劇小酌一杯的必備小菜，
鹹香脆口非常涮嘴。

材料
培根…170克
腐竹…100克
蔥花…少許

調味料
韓式辣粉…1大匙
番茄醬…1大匙
胡椒粉…1匙

作法
1 培根切塊，腐竹洗淨擦乾水分。
2 平底鍋不放油，中小火熱鍋後，放入培根煸出油脂。
3 培根油脂逼出後，放入腐竹翻拌均勻，利用培根油脂將腐竹半煎炸至酥脆。
4 再加入調味料翻拌均勻。
5 最後撒點蔥花或香菜末即完成。

Tips
1 培根煎炒後會縮小，可以將培根分切成大塊，煎炒時培根油脂一定要煎出來，培根油脂是這道料理重要的風味來源。
2 腐竹下鍋可將火力稍為加大，而且要不斷翻拌均勻受熱，才會均勻酥脆。

份數 2～3人 | 使用器具 小湯鍋 | 食材成本 約100元

麻辣鮮蛤

日式料理店的涼拌小菜，連鎖超市賣這種已經去殼的文蛤肉，不僅省去處理殼的困擾，也讓料理可以更快速方便，這道涼菜的精髓在於蒜蓉辣醬和芥末醬，有點嗆辣感，但又不至於嗆辣到流鼻水流眼淚，料理好放冷藏，冰冰涼涼風味更足，更美味。

材料

文蛤肉…200克
小黃瓜…100克
辣椒…10克
蒜末…10克
蔥花…20克
白芝麻…1大匙
米酒…1匙

醬汁
蒜蓉辣醬…1匙
白醋…1匙
鹽巴…1小匙
砂糖…1匙
芥末…1匙

作法

1 文蛤肉用滾水加米酒，燙煮30秒撈出瀝乾。
2 文蛤肉加蒜末、辣椒、蔥花、白芝麻和醬汁配料，混合均勻。
3 小黃瓜切絲鋪在盤底，再鋪上醃漬好的文蛤肉即可。

Tips

熟文蛤肉只需稍微汆燙讓肉質軟化即可，汆燙過久肉質會過老影響口感。

份數	使用器具	食材成本
2～3人	小湯鍋	約100元

下酒菜

57

壽喜鮮蚵

鮮嫩的蚵仔，搭配鹹甜的壽喜醬汁，
滑嫩口感會讓人一口接一口停不下來，
這樣鮮美的海味搭配啤酒是最對味的啦！

材料

鮮蚵…150克
玉米粉…2大匙
薑…10克
紅辣椒末…10克
蔥…1根
香菜…2根

壽喜醬汁
水…250毫升
米酒…50毫升
醬油…50毫升
味醂…30毫升
砂糖…2大匙
柴魚粉…1匙

作法

1 蔥、薑、香菜切絲，辣椒去籽切末備
  用。鮮蚵洗淨瀝乾水分，再將鮮蚵蘸
  裹薄薄的玉米粉放至反潮。

2 煮一鍋滾水放入薑絲，保持微微沸騰
  狀態，再放入反潮的鮮蚵，熄火浸泡
  5分鐘至熟透，撈出瀝乾後盛盤。

3 將壽喜醬汁材料混合均勻後煮沸。

4 將壽喜醬汁淋在鮮蚵上，再撒上辣椒
  末放上蔥絲、香菜即完成。

Tips

蚵仔熟成速度快，若用沸騰滾水燙煮，蚵仔會縮小，口感也會不好，若用水溫約攝氏90度浸泡至熟透，
蚵仔不僅能飽滿而且軟嫩多汁，風味也不會流失。

酥炸旗魚排

外酥內嫩美味的旗魚排是一道超簡單的料理,
利用烤箱可以減少油量,卻一樣可做出油炸般的酥脆感,
淋上美乃滋和番茄醬後,會讓魚肉吃起來更順口,更有風味。

份數
3～4人

使用器具
烤箱或
氣炸鍋

食材成本
約150元

材料

旗魚排…300克
橄欖油…少許
玉米粉…1大匙
雞蛋…1顆
麵包粉…適量
香菜…2根
鹽巴…1小匙
米酒…1大匙
黑胡椒…少許

淋醬

美乃滋…適量
番茄醬…適量
海苔香鬆…適量

作法

1 魚排用米酒、鹽巴、黑胡椒醃漬去腥。

2 雞蛋打散成蛋液，香菜切末和麵包粉混合。

3 將魚排蘸裹玉米粉，蘸裹蛋液，再均勻蘸裹香菜麵包粉。

4 烤盤抹一層橄欖油，放上魚排，魚排表面也刷上一層油。

5 烤箱以攝氏200度預熱10分鐘，再將魚排放入烘烤10分鐘。

6 再翻面烤15分鐘至表面金黃即可（若用氣炸鍋則用攝氏180度烘烤15分鐘，烤10分鐘後翻面再烤至金黃酥脆）。

7 盛盤後，淋上美乃滋、番茄醬再撒點海苔香鬆，就能美味上桌嘍！

Tips

旗魚排口感較扎實，一般都是油煎方式，這次做點小變化，跟大家分享類似酥炸方式，不僅美味，上桌宴客也好看大方，若喜歡魚肉軟嫩口感可以改使用鯛魚排。

份數	使用器具	食材成本
3～4人	炒鍋	約80元

黑胡椒豆芽天婦羅

有時下班後累得要死，若是還要煮工序繁雜的料理實在惱人，但如果是利用現成的半成品再稍微加工，不只省去調味困擾，還能簡單快速完成一道下飯菜，下酒菜。

材料

天婦羅…200克
綠豆芽…100克
韭菜…20克
蒜片…10克
辣椒…10克
李錦記黑胡椒醬…2大匙
水…0.5碗

作法

1 用少許油，小火將天婦羅煎至金黃（天婦羅會稍微膨脹）。
2 放入蒜片炒出香氣後，加入黑胡椒醬翻炒出醬香。
3 倒入0.5碗水煮沸。
4 放入豆芽、韭菜翻拌至軟化，最後再拌入辣椒配色即完成。

  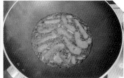 

Tips

有些人不敢吃豆芽，那可以把豆芽換成菇類、洋蔥或彩椒，也是別有風味。

下酒菜

60

香辣年糕

年糕Q彈的口感，是大人小孩都愛的，
這道料理也十分簡單，十分鐘就能完成，
小酌一杯配酒或下午茶搭配茶飲，每一口都讓人超級滿足。

材料

韓式年糕…300克
橄欖油…1匙
醬油…1大匙
七味粉…適量
蔥花…20克

作法

1 平底鍋放橄欖油，將年糕煎至焦香。
2 焦香後，加入醬油。
3 翻拌均勻即可盛盤。
4 撒點七味粉、蔥花即可享用。

Tips

1 年糕可以個人喜好選用文中的條狀，也可以使用片狀，口感風味都很不錯。
2 七味粉味道偏辣，不吃辣可以添加胡椒鹽，也別有風味。

份數	使用器具	食材成本
2～3人	湯鍋	約130元

韓式起司竹輪

10分鐘搞定，做道超簡易下酒菜。

材料

竹輪…3條
起司棒…3條

醬汁
砂糖…1匙
烏醋…1匙
醬油…1匙
芝麻香油…1匙
韓式辣醬…1匙
白芝麻…少許

作法

1 竹輪用滾水汆燙1分鐘，瀝乾放涼。
2 將起司條塞入竹輪中，再切成小段。
3 將醬汁用材料拌勻。
4 放入竹輪拌勻，再撒上白芝麻即完成。

份數 **2～3人** 使用器具 **氣炸鍋** 食材成本 **約250元**

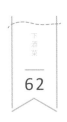

下酒菜

62

蔥蒜醬烤牛肋

這道超優質的美味下酒菜，
用烘烤方式搭配蔥蒜醬，不只解膩，
濃郁鹹香的蔥蒜醬味搭配啤酒，超級暢快又開胃。

材料

牛肋條…300克

蔥蒜醬

橄欖油…1大匙　　芝麻香油…1匙
蔥…100克　　　　鹽…1小匙
蒜頭…20克　　　　白芝麻…適量
味醂…1大匙

作法

1 蔥蒜醬材料（除白芝麻外），放
　入調理機拌打混合成泥狀，再拌
　入白芝麻。

2 牛肋條切成一口大小，取1/3蔥蒜
　醬抓拌醃漬30分鐘。

3 準備氣炸鍋，氣炸籃鋪上鋁箔
　紙，均勻擺上醃漬好的牛肋。

4 放氣炸鍋用攝氏180度烘烤10分
　鐘，翻面後再烤5分鐘。

5 起鍋後，擺盤淋上蔥蒜醬即可。

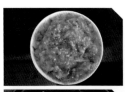

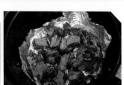
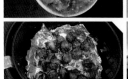

韓式辣味烤五花

不管下酒或配飯都好吃，烤至外皮有點香酥脆口，
帶有香辣的口感，非常涮嘴，可以準備一些生菜包著烤五花，
非常爽口。

材料

五花肉…300克	**醬汁**
蒜末…10克	蜂蜜…1匙
韓式辣粉…1匙	番茄醬…1匙
醬油…1匙	蠔油…1匙
米酒…1匙	黑胡椒…少許
	水…1匙

作法

1 五花肉切約一口大小,並將豬皮去除。
2 五花肉用蒜末、辣粉、醬油、米酒抓拌醃漬10分鐘。
3 再用竹籤將五花肉串起。
4 將醬汁材料蜂蜜、蠔油、番茄醬、黑胡椒、水,拌勻備用。
5 用氣炸鍋以攝氏160度將五花肉烘烤10分鐘。
6 再翻面刷上作法4的醬汁,再烤10分鐘即完成。

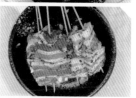

Tips

豬皮沒經過燉煮,口感會硬,也不易用竹籤串過豬皮,所以將豬皮切除才不會影響口感。

鯖魚味噌煮

這是一道日式家常料理,也是居酒屋經典煮物,
味噌醬香和肥美營養豐富的鯖魚非常合拍,
無疑又是一道下飯又下酒的美味。

材料

薄鹽鯖魚片…200克
味噌…20克
薑片…10克
醬油…1大匙
米酒…1大匙
味醂…1大匙
砂糖…1匙
水…5大匙

作法

1 鯖魚皮面劃十字刀。
2 煮一鍋滾水加少許米酒，熄火後將鯖魚浸泡30秒去腥。
3 撈出瀝乾並擦乾水分。
4 醬油、米酒、味醂、砂糖、水混合拌勻備用。
5 平底鍋倒入作法4的醬汁，放薑片煮沸，再放入鯖魚煨煮，加入味噌輕拌至融化。
6 蓋上一張餐巾紙。
7 煨煮至湯汁呈濃稠狀即完成。

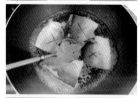

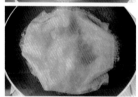

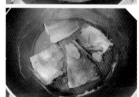

Tips

1 煮的時候魚皮面朝上，再用餐巾紙代替鍋蓋，如此煨煮時更容易入味，魚肉也不易散掉。
2 鯖魚有點腥味，煮一鍋滾水，熄火後加點米酒，鯖魚燙30秒鐘後再擦乾水分，可有效去腥。

Master Chef, Let's Cook

開趴嘍～

宴客或派對料理

起司牛排塔

起司、牛排、麵包的簡易搭配，
不只滿足味蕾，連視覺都好看，
宴客派對端上桌，保證令人驚豔。

材料

牛肩里肌牛排⋯200克
蔓越莓燕麥麵包⋯1根
起司絲⋯適量
黑胡椒⋯適量
鹽巴⋯1小匙
橄欖油⋯2大匙
奶油⋯10克
羅勒香料粉⋯少許

作法

1 牛排先去除筋膜。

2 用黑胡椒、鹽巴、橄欖油醃漬10分鐘。

3 平底鍋小火熱鍋至高溫,再倒入橄欖油,油熱後放入牛排兩面各煎1分鐘,續放入奶油融化,再各煎30秒,取出靜置5分鐘後切片備用。

4 麵包切片,直接放入煎牛排的鍋中,讓麵包吸收牛排油脂,小火將麵包兩面煎烤至酥香。

5 麵包上放上起司絲。

6 熱度讓起司融化後,擺上牛排片再撒點羅勒香料粉即完成。

Tips

1 牛排要烹煮出最佳口感,得在烹調前把冷藏的牛排取出,放置室溫,牛排達到室溫後,塗抹少許鹽巴和油在牛排上。如果肉太厚,可從橫切面切開為份量相等的兩塊(以 1～1.5 公分厚為佳)再進行烹飪。

2 燒熱煎鍋至高溫,再放入牛排於燒熱的鍋中。每一面煎 1～3 分鐘,達到喜歡的熟度,取出靜置 5 分鐘,肉質就會更軟嫩多汁。

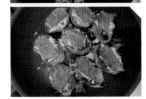

培根肉蛋燒

餡料豐富,一口咬下超級滿足,
使用茶葉蛋或溏心蛋,會別有風味喔!

使用器具
烤箱

食材成本
約140元

材料

白煮蛋…4顆
培根…4片
起司片…1片
豬絞肉…200克

絞肉醃漬

蔥花…30克
鹽巴…1小匙
胡椒粉…1匙
米酒…1大匙

醬料

烤肉醬1大匙

作法

1 絞肉醃漬：將絞肉加入蔥花、鹽巴、胡椒粉、米酒，混合均勻抓拌出黏性。

2 將培根平鋪，再鋪上一層絞肉。

3 放上水煮蛋再捲起並將水煮蛋包覆。

4 再用適量絞肉將露出蛋的部分補滿。

5 放入烤箱以攝氏200度烤約15分鐘。

6 表層塗上烤肉醬，鋪上1/4片起司片，再烤5分鐘即可。

Tips

若使用氣炸鍋烘烤，第一階段使用攝氏160度烤10分鐘，第二階段再以攝氏150度烤3分鐘。

炸牛排佐和風溫泉蛋

脆皮炸牛排，外酥裡嫩，
再蘸上滑口和風溫泉蛋，
進行一場味覺的完美碰撞。

材料

牛排…1塊
黑胡椒…少許
鹽巴…少許

炸粉
麵粉…2匙
雞蛋…1顆
麵包粉…適量

和風溫泉蛋
雞蛋…2顆
和風醬油…1匙
冰水…適量

作法

和風溫泉蛋

1 準備1000毫升滾水，水滾加入200毫升常溫水。

2 再放入雞蛋，浸泡10分鐘取出。

3 再浸泡冰水冷卻即可。

4 溫泉蛋淋上和風醬油即為和風溫泉蛋。

炸牛排

1 將牛排以少許鹽巴、黑胡椒醃漬10分鐘。

2 牛排依序蘸裹麵粉、蛋液、麵包粉。

3 油溫攝氏180度，酥炸30秒後，取出靜置5分鐘即可（依喜愛熟度油炸30~60秒）。

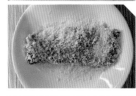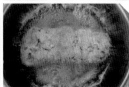

Tips

牛排的脆皮若喜歡厚一點，可以將（作法2.牛排依序蘸裹麵粉、蛋液、麵包粉）重複2次，再進行油炸。

韓式鐵板豬五花

生活就是要有點儀式感,做料理享受美食,
就是不要嫌複雜麻煩,想吃烤豬五花,
拿出平底鍋或鐵板烤盤,就在廚房烤起來吧……

份數
4～5人

使用器具
平底鍋

食材成本
約150元

材料

韓式泡菜⋯適量
五花肉⋯300克
生菜⋯適量
蒜片⋯適量
綠辣椒⋯適量
蔥段⋯20克
味醂⋯1匙
胡椒粉⋯1匙
芝麻香油⋯1匙

蘸醬

韓式辣醬⋯1大匙
味噌醬⋯1大匙
砂糖⋯1匙
芝麻香油⋯1匙

作法

1 五花肉用蔥段、味醂、胡椒粉、芝麻油拌勻醃漬10分鐘。

2 韓式蘸醬調製:辣醬1:味噌1:糖1:芝麻油1,拌勻即可。

3 平底鍋少許油,將五花肉煎烤至熟透,再剪成小塊。

4 將生菜用開水洗淨後擦乾水分,再包五花肉蘸醬,搭配泡菜、辣椒、蒜片即可享用。

Tips

泡菜做料理,光用想的就口水直流,賣場琳瑯滿目泡菜可以提供大家選擇,不論部隊鍋、韓國烤肉、韓式飯捲、各種料理,加上一點泡菜,層次絕對超級加分。

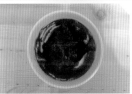

份數 4~5人　使用器具　食材成本 約150元

墨西哥風情（玉米餅莎莎）

請客派對或者追劇當零食，
清甜爽口的味道，
大人小孩都會喜愛。

材料

多力多滋玉米餅…2包
牛番茄…100克
洋蔥…100克
香菜…30克
檸檬…1顆
橄欖油…1匙
黑胡椒…少許
鹽巴…1小匙

作法

1 將番茄、洋蔥、香菜都切碎。
2 將作法1的食材混合，擠入檸檬汁（約2大匙）。
3 再加入橄欖油、鹽巴、黑胡椒，拌勻即為莎莎醬。
4 食用時，玉米餅搭配莎莎醬即可。

Tips

1 莎莎醬也可以使用各式蔬果切丁搭配（酪梨、芒果、鳳梨、蘋果、小黃瓜、彩椒等）會別有風味喔。搭配生菜也很好吃，甚至搭配水煮料理，也是低卡又健康。
2 莎莎醬建議現吃現做，口感較好，因為食材若前一天做好，會出很多水，味道口感就會差很多。

派對料理

70

平底鍋蔥油餅披薩

蔥油餅PIZZA省去揉麵團的步驟，
只要把食材放進烤盤或平底鍋，
再搭配喜愛的食材配料，就能快速輕鬆上桌。

材料

蔥油餅皮…1張
起司絲…適量
番茄醬…1匙
沙拉醬…1匙

配料

罐頭肉醬…1大匙
罐頭玉米…1大匙
彩椒…100克

作法

1 準備平底鍋，放上餅皮，塗上番茄醬和沙拉醬。

2 再鋪上肉醬、玉米粒、彩椒，表層撒上起司絲。

3 蓋上鍋蓋，開小火烘烤10分鐘即完成。

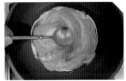  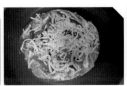 

Tips

1 這款披薩作法可以依照自己喜好添加配料，鮪魚罐頭、香腸、火腿、蝦、蟹肉棒等都可隨意變化。

2 用平底鍋和烤箱製作的口感也有所不同，可以依照自己喜好和方便選擇作法。平底鍋烤披薩，是用燜煎方式將披薩烤熟，口感較為溼潤。烤箱烤披薩，烘烤時間較長，可將水分和油脂烤出，所以口感會較為酥脆（烤箱使用攝氏200度烤20分鐘）。

份數　4～5人
使用器具　炒鍋
食材成本　約200元

雙拼炸雞

酥脆又爆汁的韓式炸雞在家就能吃過癮，
搭配賣場的現成醬料，輕鬆吃到韓國風味炸雞。

材料

翅小腿…10支
蒜末…20克
醬油…1大匙
米酒…1大匙
胡椒粉…1匙
麵粉…50克

酥炸粉…50克
雞蛋…1顆

調味料
韓式蜂蜜芥末醬
韓式甜辣醬
白芝麻

作法

1 翅小腿加蒜末和醬油、米酒、胡椒粉、抓拌醃漬10分鐘

2 麵粉、雞蛋液、酥炸粉，分別用3個碗盤盛裝。

3 翅小腿依序先蘸裹麵粉->蛋液->酥炸粉。

4 準備油鍋，油溫約攝氏160度，慢慢炸至熟透，表面呈金黃色。

5 取一半炸雞與適量甜辣醬混合，再撒點白芝麻，即為甜辣口味；另一半炸雞與蜂蜜芥末醬混合，撒點蔥花即為蜂蜜芥末口味。

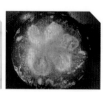

Tips

翅小腿肉質口感類似雞腿肉，但又不像棒棒腿厚實難熟，所以宴客、下酒、當零食，都非常適合喔！

份數	使用器具	食材成本
3～4人	平底鍋	約200元

派對料理

72

京醬肉絲捲餅

鹹香的京醬肉絲，只要利用現成醬包調味快速省事。
搭配蔥絲、蘿蔔絲、小黃瓜絲，
用現成蔥油餅就能做出美味捲餅啦！

材料

豬梅花肉絲…200克
蔥油餅皮…3片
香蒜蜜汁排骨醬包…1包
太白粉…1匙
蔥絲…50克
小黃瓜絲…50克
紅蘿蔔絲…50克

作法

1 肉絲加入醬包1包和太白粉拌勻醃漬5分鐘。

2 平底鍋用適量油，將蔥油餅煎至兩面酥香備用。

3 平底鍋不用洗，鍋內留一匙油倒入肉絲，翻炒至熟透即可起鍋。

4 蔥油餅放適量蔬菜絲和炒好的肉絲，捲起即可享用。

Tips

1 做菜多多利用現成的調味料包，方便省時又美味。

2 香蒜蜜汁排骨醬包可以做成蜜汁叉燒、蜜汁烤肋排、醬燒里肌、醬燒杏鮑菇等，任意搭配都很美味喔！

獵人燉雞

一道法式傳統菜，獵人打獵回家，
利用現有食材做的一道家常菜，
是非常經典的菜品，
很適合家庭聚會一起享用。

材料

棒棒腿…5支
洋菇丁…150克
洋蔥碎…100克
紅蘿蔔碎…100克
九層塔碎…少許
奶油…20克
橄欖油…1大匙

調味料

醬油…1大匙
米酒（白酒）…1大匙
黑胡椒…1小匙
番茄醬…2大匙
番茄沙司…2大匙
（番茄糊罐頭）
洋香菜…少許
麵粉…20克
砂糖…1大匙
鹽巴…1小匙
水…適量

作法

1 雞腿畫刀。
2 熱鍋放橄欖油、奶油，用小火將奶油融化。
3 放入雞腿將雞腿煎至表皮金黃，取出備用。
4 將洋蔥、紅蘿蔔、洋菇」炒香。
5 加入番茄沙司和番茄醬炒出番茄香，再加入其餘調味料翻炒均勻。
6 放入雞腿，加入水淹過食材，蓋上鍋蓋燉煮20分鐘，再開蓋煮至湯汁濃稠，起鍋後撒點九層塔碎即可。

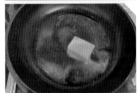

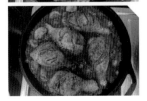

Tips
這道料理非常開胃，可以將雞腿換成去骨雞腿肉，燉煮完成後，淋在飯上真的非常下飯。

醬油手扒雞

宴客或拜拜少不了手扒雞，
只需要使用電飯鍋就能輕鬆搞定，
不加一滴水就能燜煮出多汁軟嫩的醬油雞，
作法非常簡單。

材料

土雞…1隻
薑絲…20克
花椒…5克
洋蔥…100克
紅蘿蔔…150克
馬鈴薯…150克

調味料
陳年醬油…2大匙
醬油…2大匙
蠔油…2大匙
米酒…2大匙
胡椒粉…1小匙

作法

1 將雞屁股和雞頭部分切除（可略）。
2 從胸骨處剖開。
3 雞肉用薑絲、花椒和所有調味料，均勻
  塗抹醃漬至少2小時。
4 準備電飯鍋，底部先放洋蔥、紅蘿蔔、
  馬鈴薯，再放入雞肉倒入醃漬的醬汁。
5 使用煲湯模式燉煮。
6 2小時後即完成。

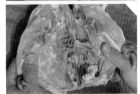

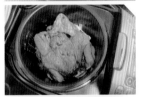

Tips

1 烤雞或燉雞使用全雞料理時，可先從胸骨
  處按壓讓骨頭碎裂，如此烹煮料理時能夠
  讓骨頭的營養素釋放。
2 作法3的雞肉塗抹醬料醃漬後，用塑膠
  袋包起來擠出空氣，這樣能更均勻醃漬入
  味。

香草風味免炸雞

不用油炸也能吃到酥脆爆汁的炸雞喔，
多多利用賣場中瓶瓶罐罐的香料粉，
也能輕鬆品嚐異國風味料理。

份數
4～5人

使用器具
烤箱或
氣炸鍋

食材成本
約150元

材料

棒棒腿…5支
匈牙利紅椒粉…1大匙
義大利香草粉…1大匙
香蒜粉…1大匙　　**裹粉**
黑胡椒…1匙　　　中筋麵粉…100克
鹽巴…1匙　　　　義大利香草粉…1大匙
牛奶…1杯　　　　黑胡椒…1匙
噴油…少許　　　　鹽巴…1匙

作法

1 雞腿用叉子戳洞，幫助醃漬入味
（也可用刀子在表面劃刀）。

2 將雞腿用紅椒粉、黑胡椒、香草
粉、香蒜粉抓拌後，再加入牛奶
冷藏醃漬1小時。

3 將裹粉材料混合，將雞腿均勻蘸
裹薄薄一層裹粉，再擺上烤盤，
表面噴上少許油。

4 烤箱以攝氏200度烤30分鐘，或
氣炸鍋以攝氏180度氣炸20分鐘
（請依雞腿大小和烤箱烘烤功率
調整時間、溫度）即完成。

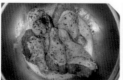

Tips

1 使用牛奶、優格醃漬肉類，優格、鮮奶中的酵素與酸，也能幫助分解蛋白質，讓雞肉更軟嫩多汁。

2 麵粉可以換成全麥麵粉更健康喔。

份數
4〜5人

使用器具
炒鍋

食材成本
約180元

宴客料理

76

醬燒銷魂排骨

腩排是豬肉的腹脇五花帶骨部分，
肉分布著白色雪花脂肪紋路，還帶有軟骨，
鮮嫩還能吃到骨汁的甘甜，宴客時端上桌也是大方好看。

材料

豬腩排…250克
日式照燒醬…1包
白芝麻…少許
蔥段…20克
蒜片…20克
薑片…20克

作法

1 腩排洗淨泡水30分鐘。

2 腩排瀝乾後，加入照燒醬和蔥、薑、蒜，抓拌醃漬1小時。

3 鍋子放一匙油，油熱將腩排煎至每面金黃。

4 倒入醃漬的醬汁，再加入適量的水沒過食材，蓋上鍋蓋，小火燜煮30分鐘，之後再開蓋用大火收汁。

5 腩排起鍋盛盤，淋點醬汁再撒點白芝麻即可。

Tips

1 排骨烹煮前先泡水，會讓肉吸飽水分，烹煮後肉質也能更軟嫩多汁。

2 蔥薑蒜放入醃漬前，先將蔥、薑、蒜稍微搓揉出汁，這樣可以增加醃漬時的香氣。

雞蛋泡泡

派對聚會少不了小點心,非常簡單好操作,
不需要準備很多材料,讓你做出外酥內嫩,
猶如脆皮雞蛋糕口感的雞蛋泡泡,
還有著濃郁蛋香和啤酒香氣喔!

材料
雞蛋…6顆
啤酒…200毫升
中筋麵粉…150克
砂糖…20克
鹽巴…1小匙
糖粉…適量

作法
1 雞蛋加鹽巴、砂糖，再加啤酒攪拌均勻。

2 將作法1的蛋液倒入麵粉中。

3 攪拌均勻成麵糊狀。

4 準備油鍋（油溫約攝氏160度），用湯匙舀一匙麵糊，緩緩倒入油鍋，麵糊會成團定型。

5 慢慢油炸至金黃。

6 盛盤後撒點糖粉即可享用。

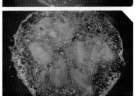

Tips
1 啤酒調製麵糊，除了會有啤酒花的香氣，也能讓炸物冷了依然保持酥脆，雖然啤酒含有酒精成分，但因酒精加熱後會揮發，所以小孩子吃也沒有問題。

2 雞蛋泡泡加糖粉帶有甜味很好吃，若喜歡鹹味也可以撒點胡椒鹽、辣椒粉，一樣超級美味。

Master Chef, Let's Cook

增肌減脂也 OK

海鮮菇絲拌龍鬚

白靈菇有「素鮑魚」之稱,所以將這道稱為「海鮮菇絲拌龍鬚」,
白靈菇富含蛋白質,龍鬚菜高膳食纖維低熱量,
這道低卡料理肯定是減脂時期必備。

份量	熱量	脂肪	碳水化合物	蛋白質	膳食纖維
1人	60cal	0.6g	9g	4.9g	2.1g

份數
2～3人

使用器具
平底鍋或
湯鍋

食材成本
約60元

材料

龍鬚菜…300克
白靈菇…100克
辣椒…10克（可略）

醬汁

醬油…1大匙
烏醋…1大匙
芝麻香油…1匙
白芝麻…1匙
開水…1大匙

作法

1 龍鬚菜去粗梗，用滾水加鹽巴燙煮1分鐘。
2 撈出浸泡冰水，再瀝乾盛盤備用。
3 白靈菇撕成絲狀。平底鍋加1匙油，將白靈菇煎炒至焦香脆口。
4 將醬汁材料拌勻。
5 淋在龍鬚菜上，撒點辣椒再放上白靈菇絲即可。

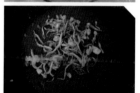

Tips

1 龍鬚菜燙煮時在水中加鹽巴，可以讓龍鬚菜翠綠，燙煮後浸泡於冰水中可以讓菜更脆口。
2 白靈菇絲下鍋煎炒時，開始會出水，有點耐心繼續焗炒會慢慢呈現金黃色，不斷翻拌至呈現金黃，水分焗乾後會變酥脆。

低卡高蛋白豆腐飯

這是我非常推薦的一道增肌減脂餐，
很有飽足感，而且有豐富的蛋白質，
清爽好吃，讓人有意想不到的好食感。

份量	熱量	脂肪	碳水化合物	蛋白質	膳食纖維
1人	160cal	7.2g	9.3g	11.9g	2.1g

份數

1～2人

使用器具

炒鍋

食材成本

約50元

材料

板豆腐…150克
紅蘿蔔…30克
四季豆…30克
玉米粒…30克
鮮香菇…30克
雞蛋…1顆
蒜末…10克

調味料

鹽巴…1小匙
醬油…1匙
黑胡椒…1小匙

作法

1 豆腐捏碎，擠乾水分，再將其餘食材切成小丁狀。

2 鍋子加橄欖油炒散蛋取出備用。

3 再放入豆腐碎炒至水分收乾。

4 再放入其餘配料和散蛋，翻炒至熟透，再加調味料，炒勻即完成。

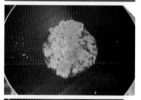

Tips

1 豆腐要使用板豆腐才能炒出像炒飯一樣的口感，豆腐水分擠乾也可以減少翻炒時間。

2 豆腐建議用中火翻炒，能有點焦香感，更能炒出鍋氣。

份數	使用器具	食材成本
1人	炒鍋	約70元

減脂

80

番茄蝦仁白花菜偽炒飯

花椰菜米不僅可以控血糖助減重，
用來替代米飯，零澱粉也更健康，
熱量和含醣量只有白飯的1/6，還有豐富的膳食纖維，
能增加飽足感，並解決排便不順的問題。

材料

白花菜…200克
蝦仁…30克
毛豆仁…30克
番茄…30克
雞蛋…1顆

調味料

鹽巴…1小匙
醬油…1匙
黑胡椒…1小匙

作法

1 白花菜切碎狀，番茄切小丁。

2 鍋子加少許橄欖油炒散蛋，再放
　番茄、毛豆仁翻炒後，加入蝦仁
　炒至變色。

3 放入白花菜碎翻炒均勻，調味後
　翻炒至食材熟透即完成。

份量	熱量	脂肪	碳水化合物	蛋白質	膳食纖維
1人	228cal	7g	26.6g	19.4g	8.8g

份數 1人　使用器具 炒鍋　食材成本 約70元

減脂

81

豬肉青花椰菜無米炒飯

青花椰菜不僅熱量低，有大量的營養素，
能抗癌、抗發炎、穩定血壓等好處，
是增肌減脂時期非常受歡迎的蔬菜。

材料
青花椰菜…200克
豬絞肉…30克
紅蘿蔔碎…30克
雞蛋…1顆

調味料
鹽巴…1小匙
黑胡椒…1小匙

作法
1 青花椰菜切碎狀。
2 鍋子加少許橄欖油將豬絞肉炒至
   變色後，先將絞肉撥至一邊。打
   入雞蛋炒散。放入紅蘿蔔碎拌
   炒。
3 倒入青花椰菜碎翻炒至熟透，再
   用調味料調味即可。

份量	熱量	脂肪	碳水化合物	蛋白質	膳食纖維
1人	153cal	6.8g	7.3g	14g	1.2g

豆腐大阪燒

份數
3~4人

使用器具
平底鍋

食材成本
約60元

非常好吃！低碳水又美味的豆腐大阪燒。
外酥裡嫩，
減脂中人必學的一道高蛋白料理，
在製作上加了玉米粉；
是為了讓豆腐泥可以粘黏定型。
由於這道是增肌減脂食譜，
所以也可以把玉米粉替換成雞蛋，
也有相同的效果。

材料

板豆腐…300克
洋蔥碎…50克
柴魚粉…1匙
玉米粉…1匙
橄欖油…少許

淋醬
低卡美乃滋…適量
醬油膏…適量
海苔鬆…適量
柴魚片…適量

作法

1 將豆腐用紙巾吸乾水分（吸乾水分煎時會較酥脆），再
  加洋蔥碎、柴魚粉、玉米粉。
2 用手壓拌均勻成泥狀。
3 再取約100克捏成餅狀。
4 平底鍋抹少許橄欖油，將豆腐餅煎至兩面金黃熟透（可
  蓋上鍋蓋讓內部均勻受熱加速熟透），盛盤後淋上醬油
  膏、美乃滋，撒點海苔鬆和柴魚片即可享用。

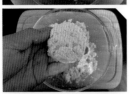

Tips

1 重口味可以在豆腐中加鹽巴，也可以依個人喜好添加高麗菜
  絲、紅蘿蔔，當然預算高一點加點蝦仁、蟹肉更能增添營養和
  風味。
2 醬油膏可以取代市售的大阪燒醬，因為市售大阪燒醬挺大罐
  的，對一般人來說常會用不完而放到過期，所以使用一般家庭
  都有的醬油膏，就能有類似的風味喔！

份量	熱量	脂肪	碳水化合物	蛋白質	膳食纖維
1人	81cal	2.6g	9.7g	6g	2.3g

份數 1～2人　使用器具 湯鍋　食材成本 約70元

減脂

83

柴魚沙拉拌水蓮

涼拌的料理低卡清爽，
又能飽腹度過瘦身期。

材料

水蓮…150克
柴魚片…10克
低卡沙拉醬…適量
七味粉…適量

作法

1 水蓮切段。

2 用滾水燙煮30秒，撈出瀝乾後盛
　盤。

3 擠上低卡沙拉醬，撒點七味粉和
　柴魚片即完成。

  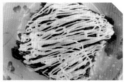

Tips

這道料理只是分享作法，水蓮可以替換成各種青菜。

份量	熱量	脂肪	碳水化合物	蛋白質	膳食纖維
1人	125cal	5.2g	14.3g	8.8g	5.1g

份數 1～2人　使用器具 湯鍋或平底鍋　食材成本 約80元

減脂

84

蛋絲拌青花

減脂也能吃得很夠味,涼拌菜就是要開胃好吃,
酸辣口味的蛋絲拌青花菜,有蛋白質,有纖維質,營養又好
吃。

材料
青花椰菜⋯300克
雞蛋⋯1顆
鮮香菇⋯50克
蒜末⋯10克
辣椒⋯10克

調味料
醬油⋯1大匙
烏醋⋯1大匙
砂糖⋯1匙
芝麻香油⋯1匙

作法
1 青花椰菜切小朵、香菇切絲,用
　滾水燙煮熟透,瀝乾備用。
2 雞蛋打散後用平底鍋煎蛋皮,再
　切成絲狀。
3 將作法1和2的食材加蒜末、辣椒
　末和調味料拌勻即可食用。

份量	熱量	脂肪	碳水化合物	蛋白質	膳食纖維
1人	84cal	3.1g	8.7g	3.7g	1.9g

份數 1～2人　　使用器具 炒鍋　　食材成本 約50元

減脂

85

麻油拌枸杞地瓜葉

地瓜葉營養價值極高熱量低，是養生和減肥的好夥伴，
水煮地瓜葉用麻油拌不僅能增加香氣，
也能增添菜的滑口感。

材料

地瓜葉…150克
枸杞…10克
薑絲…20克

調味料

麻油…1匙
鹽巴…1小匙

作法

1 地瓜葉挑去粗梗。

2 水滾後，將地瓜葉和枸杞燙煮1分
　鐘撈出瀝乾。

3 瀝乾後加入薑絲和麻油、鹽巴拌
　勻即完成。

 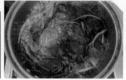 

Tips

地瓜葉梗別浪費，稍微加工也能變身爽口清脆的涼拌菜（參考：P.171「韓式涼拌地瓜葉梗」）。

份數　1～2人
使用器具　湯鍋
食材成本　約50元

滾刷

86

韓式涼拌地瓜葉梗

地瓜葉梗不要丟，梗的營養價值也很高，
去除粗纖維後口感不輸葉子喔，而且不管炒或涼拌，
都非常美味。

材料
地瓜梗…100克
金針菇…100克
蒜末…20克

調味料
韓式辣粉…1匙
芝麻香油…1匙
醬油…1匙

作法

1 地瓜葉梗挑去粗皮，金針菇去尾。

2 準備滾水，將地瓜葉梗和金針菇燙煮1分鐘後撈出瀝乾。

3 將地瓜葉梗和金針菇加上調味料拌勻即完成。

Tips
冷藏過後更好吃。

份量	熱量	脂肪	碳水化合物	蛋白質	膳食纖維
1人	190cal	4.4g	6.5g	4.6g	4.5g

份數 1～2人　使用器具 電鍋　食材成本 約120元

減脂
87

蒸魚絲瓜

絲瓜和海鮮是絕配，
簡單電鍋蒸煮，
低卡又健康。

材料

鯛魚排…300克	**調味料**
絲瓜…300克	米酒…1匙
薑絲…10克	鹽巴…1匙
蔥絲…10克	黑胡椒…1小匙
辣椒絲…10克	

作法

1 絲瓜去皮切片。

2 鯛魚切片後加調味料，以米酒、鹽巴、黑胡椒醃漬5分鐘。

3 將絲瓜盛盤，鋪上鯛魚片再放上薑絲後，放進電鍋，外鍋放1杯水蒸熟。

4 最後擺上蔥絲辣椒即完成。

   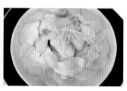

Tips

1 這道料理吃的是魚肉的鮮和絲瓜的甜，所以幾乎沒有多餘的調味。

2 電鍋外鍋1杯水的蒸煮時間大約是20分鐘，所以若是使用蒸鍋蒸煮，時間控制在20分鐘左右即可。

份數 1～2人　使用器具 平底鍋　食材成本 約35元

減脂

88

鹽蔥豆腐

豆腐是非常好的蛋白質補充來源，用橄欖油煎至微微焦香，搭配開胃鹽蔥，口味多元，也更美味。

材料

板豆腐…1塊（約350克）
洋蔥碎…20克
蔥花…20克

調味料

鹽巴…1小匙
橄欖油…1匙

作法

1 板豆腐用紙巾擦乾水分。

2 平底鍋倒入橄欖油，油熱放入豆腐，將豆腐每面煎至金黃後盛盤。

3 原鍋免洗，利用鍋內油放入洋蔥碎、蔥花炒香，加鹽巴翻炒均勻，再鋪在豆腐上即可享用。

Tips

若豆腐太大塊也可分切成適量大小，剩餘部分可放置於保鮮盒，並以開水浸泡後放冷藏，如此可保存3天。

份量	熱量	脂肪	碳水化合物	蛋白質	膳食纖維
1人	204cal	5.7g	6.2g	28.9g	0.5g

份數　3～4人　使用器具　炒鍋　食材成本　約120元

增肌

89

西班牙蒜香煎雞腿

蒜香雞腿絕對是減脂增肌朋友們的最愛，
稍微改版減少調味料的使用，口感依然豐富，香甜多汁不油膩。

材料

棒棒腿…300克
牛番茄…100克
蒜頭…30克

調味料
醬油…1匙
米酒…1匙
糖…1匙
迷迭香料…1匙
水…150毫升

作法

1 番茄切丁，雞腿洗淨擦乾水分，
　表面劃刀幫助入味和熟透。

2 用少許橄欖油將蒜頭煸至金黃。

3 先取出蒜頭，利用蒜油將雞腿煎
　至金黃。

4 再放入蒜頭，加入調味料和水，
　翻拌均勻。

5 蓋上鍋蓋以小火燜煮5分鐘。

6 再開蓋放入番茄，大火煮至收汁
　即可。

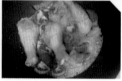

Tips

烤箱也能做（請參考烤箱版作法）兩種方法都非常美味，但香氣不同，煎雞腿作法，會多了鍋氣，而且
湯汁濃郁，烤箱的作法則較清爽。

份數 2～3人　使用器具 烤箱　食材成本 約90元

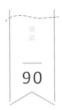

90

西班牙蒜香雞腿（烤箱版）

非常鮮嫩多汁，
蒜香也非常濃郁，
而且作法無敵簡單。

材料

棒棒腿…200克
牛番茄…100克
蒜頭…30克

調味料

橄欖油…1大匙
醬油…1匙
米酒…1匙
糖…1匙
迷迭香料…1匙

作法

1 番茄切塊、雞腿洗淨擦乾水分，
表面劃刀幫助入味和熟透。將雞
腿、番茄加入所有調味料，抓拌
醃漬20分鐘，再均勻放至烤盤
上。

2 烤箱預熱至攝氏200度，再放入烤
箱用攝氏200度烘烤30分鐘即完
成。

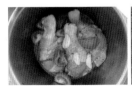

份量	熱量	脂肪	碳水化合物	蛋白質	膳食纖維
1人	256 cal	9.4g	10.6g	27.8g	3.2g

份數 **2～3人**　使用器具 **湯鍋**　食材成本 **約200元**

低卡鹹水雞

工序簡單的低卡料理，
鹹水雞是增肌減脂族群非常喜愛的一道料理，
輕鬆水煮，而且調味簡單，
配菜自由搭配，營養又健康。

材料

雞腿肉排切片…250克
花椰菜…100克
玉米筍…50克
黃豆芽…50克
小黃瓜…100克
四季豆…50克
木耳…50克
蒜末…20克
蔥花…20克
薑片…10克
蔥段…10克
米酒…1大匙
鹽巴…2小匙

調味料

芝麻香油…1大匙
黑胡椒…1小匙
鹽巴…2小匙

作法

1　準備一鍋約1000毫升滾水，加薑
片、蔥段、米酒、鹽巴放入雞腿
肉煮沸3分鐘，熄火燜15分鐘，撈
出雞肉切小塊備用。

2　將作法1的雞湯再次煮沸，將所有
配菜燙煮熟透，撈出瀝乾。

3　將所有食材，加入調味料和2大匙
的雞湯，拌勻即可享用嘍。

Tips

1　若喜歡較脆的口感，可將雞肉和蔬菜配料燙煮後，浸泡冰水冰鎮，這樣就會有較脆口的口感。

2　若想添加喜愛配料，如雞胗、雞心等配料，須注意食材熟透的烹煮時間。

份量	熱量	脂肪	碳水化合物	蛋白質	膳食纖維
1人	245cal	9.7g	3.2g	37.1g	1.3g

份數 **2人** 使用器具 **電鍋** 食材成本 **約120元**

92

香拌腐竹蒸雞

電鍋蒸煮料理,一鍋搞定的方式,是減脂人愛用的方法,
不僅能保留食材的原汁原味,而且美味又健康。

材料

去骨雞腿肉…250克
腐竹…100克
香菜…30克
蒜末…10克
辣椒…10克

醃漬

米酒…1匙
醬油…1匙
黑胡椒…少許

調味料

芝麻香油…1匙
烏醋… I 匙
醬油…1匙

作法

1 雞腿肉用米酒、醬油、黑胡椒醃
　漬5分鐘。

2 準備深盤,先鋪上腐竹再鋪上雞
　肉。

3 放入電鍋蒸煮熟透(外鍋放1杯
　水)。蒸煮熟透後,稍微放涼再
　將雞肉切塊或剝成小塊。

4 將腐竹和雞肉加上蒜末、辣椒、
　香菜和調味料拌勻即可。

Tips

蒸煮時,腐竹鋪在底,再放雞肉,可以讓腐竹吸收雞肉鮮甜湯汁。

份量	熱量	脂肪	碳水化合物	蛋白質	膳食纖維
1人	166cal	9.8g	2.5g	15.8g	0.8g

份數 1～2人　使用器具 炒鍋　食材成本 約85元

香蒜辣炒蝦

這道輕食有點像西班牙蒜味蝦的料理,卻少了很多調味,不過依然蒜香十足,香辣夠味,蝦子彈口鮮甜,搭配生菜補足膳食纖維,營養更充足。

材料

蝦仁…150克
大陸A菜…適量
蒜末…30克
乾辣椒…20克

醃漬

鹽巴…1小匙
米酒…1匙
黑胡椒…少許

作法

1 蝦仁用醃漬材料抓拌淹漬10分鐘後,紙巾擦乾水分。
2 炒鍋放1匙橄欖油炒香蒜末、乾辣椒。
3 放入蝦仁炒至蝦仁熟透,水分收乾即可盛盤。

份數 2～3人　使用器具 湯鍋　食材成本 約150元

燒肌

94

莎莎醬淋鮭魚

莎莎醬深受減脂中人的喜愛，
開胃爽口又低卡，適合搭配各種美食，
鮭魚具有豐富魚油，水煮後更是清爽，
兩者搭配微酸開胃，非常美味喔。

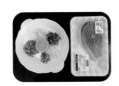

材料

鮭魚肉…200克
米酒…1匙
鹽巴…1小匙

醬汁

番茄碎…100克
辣椒碎…10克
蒜末…10克
洋蔥碎…20克
香菜末…5克

調味料

檸檬汁…2大匙
鹽巴…1小匙
砂糖…1匙
橄欖油…1大匙

作法

1 燒一鍋水，水中加少許鹽巴和米
　酒，水滾後放入鮭魚，蓋上鍋蓋
　微滾1分鐘，熄火燜約5分鐘。

2 將醬汁材料混合均勻即為莎莎
　醬。

3 鮭魚撈出瀝乾，再淋上莎莎醬即
　可享用。

份量	熱量	脂肪	碳水化合物	蛋白質	膳食纖維
1人	145cal	5.3g	3.6g	16.8g	0.8g

份數 1~2人　使用器具 炒鍋&湯鍋　食材成本 約95元

增肌

95

醋溜水煮魚塊

簡單過個滾水的水煮魚，不僅肉質鮮嫩甜美，
營養也不流失，淋上酸甜的薑醋醬，不只美味還吃得到健康。

材料

草魚切片…200克
薑片…10克
蔥段…10克
米酒…1大匙

醬汁

薑末…20克
醬油…1大匙
米酒…1大匙
烏醋…1 大匙
砂糖…1匙
水…2大匙
澱粉水…適量

作法

1 草魚洗淨後，在魚皮面劃斜刀。

2 取鍋加適量水（可以淹過魚肉的份量），煮沸後加薑片、米酒，放入魚肉轉小火煮5分鐘，再取出瀝乾裝盤。

3 醬汁製作：炒鍋加1匙油，炒香薑末再加所有調味料和水煮沸，再用澱粉水勾芡至濃稠。

4 將作法3的醬汁淋在魚塊上即完成。

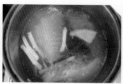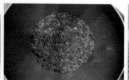

Tips

水煮魚塊時加點蔥薑可以去腥，魚肉較大塊可用小火保持微滾狀態燜煮，這樣才不會造成表面過老，內部未熟。

份量	熱量	脂肪	碳水化合物	蛋白質	膳食纖維
1人	145cal	4.2g	18.14g	8.9g	3.5g

份數	使用器具	食材成本
4人	炒鍋&湯鍋	約280元

96

薯泥牛肉塔

一個平凡無奇的牛肉塔，卻很適合增肌減脂時期吃，
包含了碳水、蛋白質、維生素、低卡又美味。

材料

牛絞肉…100克
馬鈴薯…200克
洋蔥碎…30克
紅椒丁…30克
高麗菜絲…50克

調味料

橄欖油…1匙
黑胡椒…1匙
鹽巴…1小匙
番茄醬…1匙
糖…1匙
胡椒粉…1匙

作法

1 馬鈴薯去皮切小塊，用電鍋蒸熟
　後加鹽巴和黑胡椒壓成泥狀。

2 取約50克薯泥捏成塔狀，放氣炸
　鍋以攝氏180度烤12分鐘。

3 烤至薯泥塔定型呈金黃色。

4 用少許油將牛絞肉炒至乾爽後，
　放洋蔥碎炒香，再放紅椒丁、高
　麗菜絲炒軟後加入調味料翻炒均
　勻。

5 將作法4的牛絞肉鋪於薯泥塔上即
　可完成。

 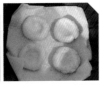   

Tips

1 氣炸鍋可用烤箱代替，用烤箱溫度則為攝氏 200 度烤 20 分鐘。

2 也可在牛肉塔成形後，表面再撒點起司絲，再烘烤 3 分鐘會別有風味。

檸香小花枝

檸香油醋是非常開胃的醬汁，
酸鹹的滋味非常適合搭配海鮮的涼拌料理。

份量	熱量	脂肪	碳水化合物	蛋白質	膳食纖維
1人	136cal	5.01g	6.3g	10.1g	1.6g

份數
1～2人

使用器具
湯鍋

食材成本
約120元

材料

小花枝…180克
彩椒…100克
小黃瓜…50克
冰水…適量

調味料

橄欖油…1大匙
黑胡椒…1小匙
鹽巴…1小匙
砂糖…1匙
檸檬汁…1大匙

作法

1 準備一鍋滾水，將小花枝燙煮1分鐘撈出，再放其餘配料燙煮30秒撈出瀝乾。

2 再將所有食材浸泡冰水冰鎮5分鐘瀝乾。

3 所有調味料混合調製檸香油醋。

4 將所有食材，加入油醋拌勻即完成。

Tips

減重時期若想單吃這道料理可添加適量的蘿蔓生菜、甘藍菜增加飽足感，若想要更豐富，蝦子、魚肉、水果，都適合搭配在這道檸香油醋料理中。

Master Chef, Let's Cook

我想喝個好湯

份數 1～2人　使用器具 湯鍋　食材成本 約75元

低脂雞胸花菜湯

低熱量高纖維的減脂湯，簡單幾個步驟，
讓你完成肉質不乾柴，清甜又營養的湯品。

材料

雞胸肉…150克　　玉米粉…1匙
白花菜…200克　　水…1000毫升
蒜片…10克　　　橄欖油…1小匙
米酒…1匙
胡椒粉…1小匙　　**調味料**
　　　　　　　　鹽巴…1小匙

作法

1 雞胸肉切薄片，用米酒、胡椒
　粉、玉米粉抓拌醃漬。

2 白花菜分切成小朵狀。

3 鍋子放橄欖油炒香蒜片，再加水
　煮開。

4 放入白花菜煮3分鐘，轉小火讓湯
　保持微滾狀態。

5 放入雞肉片燙煮熟透，再下鹽巴
　調味，最後撒點蔥花即完成。

 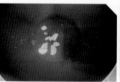  

Tips

1 雞胸肉醃漬裹上薄薄一層玉米粉，肉質會更軟嫩滑口。

2 雞胸肉熟成快，過度烹煮肉質會過柴，最後小火維持微滾，再放雞肉片，燙煮熟透即可。

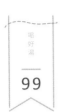

喝好湯

99

青江菜豆腐湯

簡易快速的低卡湯品。

材料

嫩豆腐…1塊
青江菜…100克
紅蘿蔔片…30克
鮮香菇片…30克
水…1000毫升

調味料

鹽巴…1小匙
雞晶粉…1小匙

作法

1 豆腐切塊。

2 青江菜洗淨切小塊、香菇、蘿蔔切片。

3 水煮滾,放紅蘿蔔片、香菇片煮5分鐘,煮出鮮甜味。續放入豆腐塊,待湯再度煮滾,放入青江菜段和所有調味料,再稍煮一下即可。

喝好湯

100

吳郭魚湯

最天然簡單的吳郭魚湯，作法一點也不難，
分享小撇步，讓你做出簡單好喝無腥味、無土味的鮮魚湯。

材料

吳郭魚…1尾　　調味料
薑片…10克　　鹽巴…適量
薑絲…10克　　米酒…1大匙
蔥花…10克　　白胡椒粉…1小匙
水…1000毫升

作法

1 將魚洗淨切塊。冷水+魚塊、薑片，蓋上鍋蓋大火煮開。

2 撈除浮渣後再轉小火煮3分鐘（煮到魚肉熟透，途中可用筷子戳看看，易穿過即熟透）。

3 取出薑片加入調味料，最後再撒點蔥花和薑絲即可。

Tips

1 烹煮時無論是整條魚還是已經切好的魚塊，下鍋前都要先洗掉藏在魚骨跟魚肉之間的血塊，沒洗乾淨的血塊，容易讓魚湯有腥味。

2 冷水放魚肉，然後轉大火快煮。若水滾了才放魚肉，會讓魚肉太快被煮熟，湯頭淡而無味；從冷水開始煮，能讓魚肉有時間釋放鮮味。轉大火則能縮短魚肉的烹調時間，避免煮過久肉質老化。

喝好湯

101

味噌鮭魚頭湯

經典家常必備的鮭魚味噌湯，超級清甜又順口，只要簡單幾個步驟就能煮出完美的味噌湯，味噌湯是台灣十分熟悉的湯品，味噌湯除了作為餐點解膩，而且具有營養功效。可減肥排毒、降膽固醇、改善女性荷爾蒙、預防癌症，所以味噌湯也深受日本人喜愛。

材料

鮭魚頭…350克　　薑絲…20克
嫩豆腐…1盒　　　蔥花…20克
味噌…1大匙　　　米酒…3大匙
柴魚片…10克　　　水…1000毫升

作法

1 煮一鍋滾水，放薑絲和柴魚片熬製高湯，煮沸後再以小火熬煮10分鐘即可。
2 續放入鮭魚和豆腐塊煮熟。
3 先取1匙味噌放於濾網，再放入湯中慢慢溶解於湯中，試一下鹹度再酌量增減調整鹹度。
4 最後起鍋前下點蔥花即完成。

Tips

1 味噌本身即是一種鈉含量較高的發酵品，味噌料理的製作，可以用味噌來調整鹹度
2 高湯熬煮，除了柴魚片，昆布、小魚乾都是味噌湯很常用來熬製高湯的材料。

喝好湯

102

高麗菜蛤蜊湯

份數 2人　使用器具 湯鍋、果汁機　食材成本 約60元

海味與蔬菜的清甜結合，利用蔬菜高湯熬煮，
有點西式料理的方式，但卻是使用最簡易取得的食材，
作法更是簡單容易。

材料

高麗菜…300克　　薑絲…20克
蛤蜊…200克　　　枸杞…5克
　　　　　　　　　鹽巴…適量
　　　　　　　　　水…500毫升

作法

1 蛤蜊吐砂洗淨。
2 高麗菜取1/3份切絲備用。
3 高麗菜高湯：將高麗菜其餘2/3份
　加 500CC水，用果汁機打成汁。
4 再過濾至湯鍋中。
5 將高湯煮開後，加薑絲、高麗菜
　絲和蛤蜊、枸杞再次煮沸，蛤蜊
　打開後熄火，用鹽巴調味即可。

Tips

蛤蜊有高蛋白質、低脂肪，高麗菜富有葉酸、維生素C，是非常適合全家大小食用的一道湯品。

暖好湯

103

番茄玉米瘦肉湯

這一道養生低卡路里的健康湯品，
非常營養好喝又清甜。

材料

番茄…1顆
玉米…1根
豬瘦肉…200克

薑片…10克
米酒…1大匙
水…500毫升
鹽巴…適量

作法

1 豬瘦肉切片、玉米及牛番茄洗淨切小塊。

2 放入電鍋內鍋中加入薑片、水及米酒，電鍋外鍋放入1杯水，按下開關蒸至開關跳起後，加入鹽調味即可。

Tips

這道湯品是快速燉煮，若將瘦肉片換成排骨或雞腿肉，電鍋外鍋可加2杯水，延長燉煮時間。

麻油雞蔬菜湯鍋

有時人少想吃鍋，食材準備起來花費也不少，
但這款「方便煮」有各式蔬菜，
買個一盒就能快速煮又省事喔。

份數
2～3人

使用器具
湯鍋

食材成本
約300元

材料

極品山藥鍋…1盒
土雞骨腿切塊…400克
雞蛋…2顆
薑片…30克
枸杞…10克
紅棗…5顆
麻油…2大匙
米酒…3大匙
鹽巴…適量
水…1000毫升

作法

1 麻油煎荷包蛋取出備用（不想吃蛋此步驟也可略過）。

2 續放入薑片小火慢焗至焦香取出備用。

3 放入雞肉煎至金黃焦香。

4 放薑片、紅棗，再加入水和米酒煮開後，轉小火煮20分鐘。

5 放入蔬菜煮熟。

6 最後放入荷包蛋，再用鹽巴調味即完成。

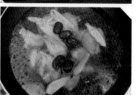

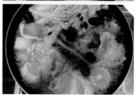

Tips

這樣的湯鍋類料理都是清冰箱的好時機，將平時做菜會一些有的沒的剩餘食材、肉片、蔬菜、麵條都能加入，雖然說是清冰箱，卻讓整道湯品更為豐富。

咬好湯

105

絲瓜魚肚湯

這一道養生低卡路里的健康湯品，
非常營養好喝、鮮美清甜。

材料

虱目魚肚…1塊　　鹽巴…適量
絲瓜…1條　　　　胡椒粉…1小匙
薑絲…10克　　　米酒…1大匙
枸杞…5克　　　　水…500毫升

作法

1 魚肚洗淨切塊。
2 絲瓜去皮切片。
3 將鍋中加清水放薑絲和米酒煮開，放入魚肚煮1分鐘。
4 再放入絲瓜和枸杞後，將湯煮開，加鹽、胡椒粉調味即可享用。

   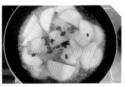

Tips

這樣吃也吃出美味：

1 絲瓜魚肚粥：清水加點1碗米飯熬成粥，再依序放入食材，最後鹽巴、胡椒粉調味即完成。

2 絲瓜魚肚麵線：用水將麵線燙煮熟透，再拌入絲瓜魚肚湯中即可。

喝好湯

106

蓮藕蠔菇排骨湯

連鎖超市販售的菇類種類很多，
還會常常推出一些特殊的蕈菇，
用來煎煮炒炸都適合。

材料

排骨…300克
蓮藕片…150克
黑蠔菇…150克
薑片…20克
紅棗…4顆

鹽巴…適量
米酒…2大匙
水…1000毫升

作法

1 用滾水加少許薑片（份量外）將
排骨汆燙去血水後，將排骨用水
洗淨備用。

2 湯鍋加1000毫升水煮開，加入米
酒、薑片、蓮藕、紅棗、排骨煮
開，再小火燉煮20分鐘。

3 放入黑蠔菇再煮5分鐘，最後鹽巴
調味即完成。

 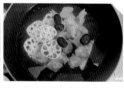 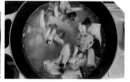

Tips

黑蠔菇是日本新品種菇，質地細膩、口感猶如霜降肉，且香氣濃郁，用少許的油乾煎，撒點胡椒鹽就很
美味喔！

107

蔥雞湯

簡單清爽，暖心又暖胃的蔥雞湯，
這是一道可以治癒感冒的湯品，
蔥含有硫化物和大蒜素，不僅可以抗氧防癌，
提升免疫力，還能緩解感冒。

材料

去骨雞腿肉…250克
蔥花…50克

蒜末…20克
鹽巴…適量
熱水…500毫升

作法

1 炒鍋不放油，將雞腿肉下鍋乾煎
　（皮面先煎至金黃再翻面煎至金
　黃）。取出雞肉切剪成小塊後，
　放回鍋中加入蒜末小火炒香。

2 倒入熱水煮開，再加適量鹽巴調
　味。

3 蔥花放湯碗。

4 將煮好的雞湯趁熱淋入即可。

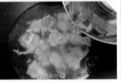

Tips

1 雞腿肉乾煎時，不須完全熟透，只須將雞油煎出（讓湯品可以充滿雞油香氣）。

2 料理過程中，加熱水是為了讓湯水溫度迅速到達，不至於過度烹煮，導致雞肉乾柴。

剛好湯

108

玉米筍蕈菇肉片湯

清爽高纖高蛋白的菇菇湯，
各種菇類味道口感、營養素都不同，
但一起料理卻很合拍。

材料

火鍋肉片…150克
玉米筍…50克
鮮香菇…50克
袖珍菇…50克
鴻喜菇…50克
雪白菇…50克
薑絲…10克

蔥段…10克
水…1000毫升

調味料
鹽巴…1小匙
米酒…1匙
胡椒粉…1小匙

作法

1 玉米筍斜切成段。

2 菇類剝成小塊。

3 鍋子不放油放入菇類，以小火乾
   炒，炒出香氣即可。

4 倒入水煮開，再放入玉米筍煮2
   分鐘，加入調味料，米酒、胡椒
   粉、鹽巴拌勻。

5 繼續放入肉片煮至熟透，再放蔥
   段點綴增香即可。

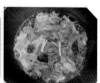

Tips

菇類經過乾炒，會釋放菇本身獨持香氣會更美味。

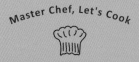

Master Chef, Let's Cook

懶到最高點，也想吃好料

簡單到炸的神級美味

一鍋到底蒜香海鮮筆管麵

義大利麵一鍋到底的烹調方式節省很多時間，
再用現成白醬塊，更省去炒醬和調味，
簡單快速又好吃喔！

份數
1～2人

使用器具
炒鍋

食材成本
約250元

材料

筆管麵…150克
白醬料理塊…90克
文蛤肉…50克
沙蝦仁…50克
小花枝…180克
洋蔥絲…100克
蒜片…30克
水…1000毫升
黑胡椒…少許

作法

1 洋蔥切絲、蒜頭切片。
2 準備炒鍋，將洋蔥絲、蒜片鋪底。
3 再鋪上筆管麵，放上白醬塊和黑胡椒，
  加入水，蓋上鍋蓋，再開火煮沸。
4 轉小火燜煮至麵軟化熟透。
5 再拌入海鮮翻拌至熟透即可。

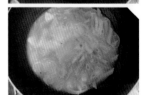

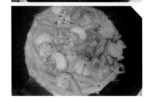

Tips

若烹煮時義大利麵未熟透，但湯汁不夠時，
可以再加水繼續烹煮；或者在作法3加水量
可以增加，再煮至收汁即可，畢竟義大利麵
是耐煮的。

份數	使用器具	食材成本
1～2人	湯鍋	約110元

懶人料理

110

口水雞乾拌麵

雖然是吃泡麵，也要來點浮誇的，這樣吃起來才過癮啊！
簡單的乾拌麵加上一點小變化，滋味再加個一百分。

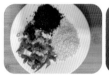 

材料

泡麵…2包
輕食沙拉雞胸…1塊（舒肥雞胸肉）
蔥花…20克
白芝麻…5克
粗辣椒粉…5克
辣椒油…1匙（可略）
砂糖…1匙

作法

1 煮一鍋滾水將泡麵條煮軟，瀝乾
先盛盤備用。

2 將煮麵條水留約100毫升煮開，加
入泡麵的醬包、調味粉包和辣椒
粉、砂糖、辣椒油。

3 雞胸肉切片。

4 鋪在麵條上，淋上作法2的醬汁，
撒上蔥花、白芝麻即可。

   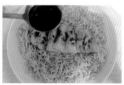

Tips
因為此篇食譜主題是辣雞口味，所以選用偏辣味的泡麵較為適合喔！

懶
人
料
理

111

往鍋裡丟皮蛋瘦肉粥

煮一鍋皮蛋瘦肉粥，就是這麼簡單，
在家用電飯鍋就能簡單做，味道鮮美，
享用前加點蔥花，超級美味。

材料

豬梅花炒肉片…200克
皮蛋…2顆　　　蔥花…少許
白米…1杯　　　醬油…1大匙
水…6杯　　　　米酒…1大匙
高湯塊…1塊　　胡椒粉…1匙
薑絲…20克　　太白粉…1大匙

作法

1 豬肉用醬油、米酒、胡椒粉、太
　白粉，抓拌醃漬10分鐘。

2 皮蛋切丁狀。

3 一杯白米洗淨放電飯鍋中，再放
　入所有食材，皮蛋和豬肉，加入6
　杯水，再放入高湯塊。

4 蓋上電飯鍋蓋，按稀飯模式，烹
　煮完成後，撒點蔥花即可。

Tips

1 這篇食譜是用梅花肉炒片純屬個人喜好，使用肉絲或絞肉，也都可行。

2 常看到食譜中，煮粥時說明為6倍粥，意指1杯米：6杯水，所以也可依自己喜好粥的濃稠度做水量
　調整。

大滿足罐頭牛肉麵

想來一碗跟牛肉麵店一樣口味，肉多又大塊的牛肉麵，
這樣簡單煮也可以很輕鬆享受到美味。
颱風天，防疫在家或是懶得出門，
準備幾罐牛肉罐頭在家真的超方便的。

材料

牛肉罐頭…1罐
麵條…2份
紅蘿蔔…100克
牛番茄…100克
小白菜…1把
蔥花…少許
水…1000毫升

作法

1 將紅蘿蔔和番茄切塊。
2 準備1000毫升滾水（水量稀釋為罐頭容量的2～3倍），放入紅蘿蔔和番茄熬煮至紅蘿蔔軟化。
3 再倒牛肉罐頭，續煮5分鐘。
4 再加入麵條，將麵條煮熟。
5 最後加點白菜和蔥花即可。

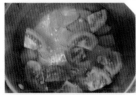

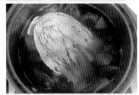
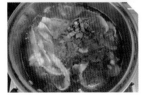

Tips

乾拌麵、蓋飯也好吃：
將牛肉罐頭倒至可加熱的碗盤中，微波爐、電鍋或瓦斯爐加熱，將麵條燙煮熟後瀝乾，加適量牛肉罐頭拌，再撒點蔥花，就是美味乾拌麵；直接淋在飯上就是美味蓋飯。

老饕的手切滷肉飯

滷肉不複雜，電飯鍋就能滷出香氣十足又油亮的肉臊，
滷一鍋手切滷肉，可以分裝冷凍保存，
拌飯、拌麵、拌青菜都好好吃。

材料

五花肉條…500克
蔥…50克
薑…30克
蒜頭…30克
辣椒…10克（去籽）
五香滷包…1包

調味料
陳年醬油…3大匙
米酒…3大匙
胡椒粉…1匙
黑糖…3大匙

作法

1 五花肉切條狀或小丁狀。
2 蔥薑蒜和辣椒切末。
3 電飯鍋按快煮模式加熱，放入五花肉煏炒出油脂，再放入蔥薑蒜和辣椒，拌炒均勻。
4 加入調味料，醬油、米酒、胡椒粉和黑糖，翻拌均勻後，放入滷包。
5 加水至剛好沒過食材（水量不需太多，燉滷好的湯汁會剛好濃郁），蓋上電飯鍋蓋，再用煲湯模式燉滷完成即可。
6 色香味美又實用的好料。

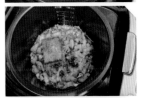

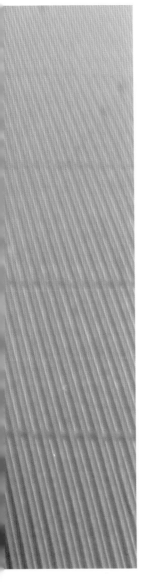

Tips

若你真的超級懶，五花肉也可以不用煏炒，直接將所有材料往鍋內丟，直接燉煮，但偷偷跟你說，五花肉煏出豬油，料理起來，豬肉吃起來會不膩口，而且整道料理會有濃郁豬油香，香氣更足。

小卷米粉（泡麵版）

想吃一碗道地的小卷米粉湯，
自己煮湯頭不對味，份量不好控制，
材料還要備一堆，煮起來又一大鍋，
有時嘴饞，就簡單備料煮一碗清甜道地的小卷米粉。

材料

統一肉燥米粉…2包
透抽…2尾
香菜或蔥…少許
水…1000毫升

作法

1 透抽洗淨將軟骨、內臟取出,再切圈。

2 將泡麵內的調味油包放鍋中加熱。

3 放透抽炒至變色(約8分熟)取出備用。

4 再倒入水煮開成高湯。

5 米粉、透抽、調味粉放碗中,加入作法4的高湯,將米粉泡軟,撒點香菜或蔥花即可。

Tips

1 透抽用調味油包在鍋中翻炒過,鍋中會有透抽香氣,加水煮高湯味道香也能更濃郁。

2 透抽八分熟取出,與米粉一起用高湯泡熟,熟度剛剛好不會過老。

3 小管/小卷/透抽/中卷怎麼分?
其實都是同屬於鎖管。因為各地稱呼不同,有人就會把較小隻的鎖管稱為小管;體型較大的稱為中卷或是透抽,更大的甚至叫砲管,但其實他們都是一樣的。

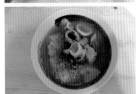

阿嬤古早味颱風麵（茄汁鯖魚麵）

之所以稱作「颱風麵」，就是颱風天必備的麵食，
茄汁鯖魚就是這碗麵的靈魂，
不須另外調味，茄汁的味道就會讓整碗麵風味十足，
這也算是一道阿嬤級簡單料理吧？阿嬤們肯定都會做！

材料

麵條…2人份
茄汁鯖魚罐頭…1罐
五花肉…50克
香菇…50克
小白菜…50克
水…800毫升

作法

1 湯鍋小火加熱，放入五花肉煸炒出豬油，再放香菇炒香。
2 加水至鍋中，再將鯖魚罐頭的茄汁加入，將湯煮開。
3 放入麵條煮熟。
4 再加入白菜煮軟後，再放入罐頭鯖魚肉即可（喜愛火鍋料、高麗菜也能加）。

Tips

乾麵條份量怎麼抓？

1 以10元硬幣為基準，每束10元硬幣大小的麵條，可供1人份食用
2 平時量測麵條份量只要手比OK手勢，再抓一把麵條量測。
A 食指到虎口為1人份。
B 食指到大拇指關節為2人份。
C 食指到大拇指前端為3人份。

份數 1～2人

使用器具 湯鍋

食材成本 約100元

香辣辣拌餃子

煮完直接吃太無聊，祕製蘸醬拌餃子，
餃子裹滿醬汁，香辣過癮，
簡單的餃子吃起來可不單調喔。

材料

水餃…20顆
蔥花…20克
韓式辣椒粉…1大匙
白芝麻…1大匙

五香粉…1小匙
醬油…2大匙
香油…2大匙

作法

1 蔥花、辣椒粉、白芝麻、五香
粉，混合均勻。

2 將香油加熱後熗入作法1中，熗出
香氣後，再加入醬油，攪拌均勻
備用。

3 準備一鍋滾水，再放入水餃煮熟
後撈出。

4 將作法2的醬料拌入水餃即可。

  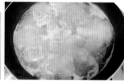 

Tips

煮水餃小訣竅（使用一般湯鍋，1次20顆水餃）。

1 水大滾後，下水餃（不需退冰），用鍋鏟推拌方式攪拌，避免粘黏，並計時煮水餃7～8分鐘。

2 放水餃後，大火煮開後，維持水在大滾的狀態（再調整成適當火力，不一定是大火），7～8分鐘就
熟透嘍！

職人料理

117

脆腸泡麵煎餅

大家都有將泡麵捏碎直接吃了的經驗吧？
可以再多點變化，加點蛋香煎成脆餅，
變身成下午茶小點心。

材料

統一肉燥麵…2包
煙燻脆腸…1條
雞蛋…2顆
蔥花…20克

作法

1 將泡麵捏碎和脆腸切小丁，置於大碗中。再打入雞蛋，加入蔥花、調味粉和油包。

2 攪拌混合均勻。

3 平底鍋抹一層沙拉油，倒入作法2的食材，整型成餅狀。

4 小火煎至定型，兩面酥香，分切成塊，即可盛盤上桌。

Tips

翻鍋小訣竅：準備一個大小適當的盤子，扣在煎鍋中，翻鍋後，將盤中的煎餅再滑入鍋中繼續煎熟即可。

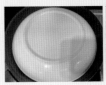

無水雞肉蔬菜鍋

無水料理是利用食材本身和調味料的水分，
加熱產生水氣，在鍋內循環，將食材烹煮熟透，
所以更能吃到食材的鮮甜。

份數
3〜4人

使用器具
炒鍋或
湯鍋

食材成本
約200元

材料

雞小腿⋯300克
高麗菜⋯300克
紅蘿蔔⋯50克
蒟蒻⋯100克
鴻喜菇⋯100克
薑片⋯20克
醬油⋯1大匙
米酒⋯2大匙
胡椒粉⋯1匙

作法

1 雞小腿用醬油、米酒、胡椒粉，醃漬10
  分鐘。
2 紅蘿蔔切片、高麗菜手撕成小塊、鴻喜
  菇剝小朵、蒟蒻洗淨。
3 準備鍋子，先鋪上高麗菜，再放入其他
  食材，紅蘿蔔、鴻喜菇、蒟蒻，再放上
  雞肉和薑片，倒入醃漬的醬汁。
4 蓋上鍋蓋，開小火烹煮10分鐘。
5 開蓋後，稍微翻拌，再燜煮3分鐘，雞
  肉熟透即可。

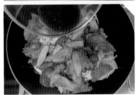

Tips

1 燜煮時，減少開蓋，避免水氣散失而影響
  加熱效果。
2 高麗菜富含的維生素，用刀切高麗菜很容
  易把細胞切碎，營養和水分也會流失一部
  分，最好採用手撕的方法，可保留較多的
  維生素。

麻油松阪豬肉菜飯（電飯鍋料理）

這篇食譜主要是要分享電飯鍋，
除了煮飯、燉滷之外，也可以做煎炒，
有時不想洗太多鍋碗瓢盆，
簡單利用電飯鍋來做一鍋到底的料理，也是相當方便。

材料

白米…2杯	麻油…2大匙
豬頸肉…180克	醬油…2大匙
香菇…100克	米酒…2大匙
高麗菜…200克	胡椒粉…1匙
紅蘿蔔…50克	水…1杯
薑…30克	

作法

1 豬肉切片，其餘食材切絲，白米洗淨備用。

2 電飯鍋按任意模式加熱，鍋內倒入麻油，再放薑絲炒香後，續放入豬肉炒至變色。

3 加入調味料，醬油、米酒、胡椒粉，翻炒均勻後，再放入香菇、紅蘿蔔、高麗菜翻炒均勻。

4 拌入白米，翻拌均勻。

5 加水後，將食材整平，蓋上電飯鍋蓋。

6 按煮飯模式烹煮即可。

Tips

1 電飯鍋內鍋為不沾鍋體，記得是用矽膠或木製廚具拌炒，才不會刮傷內鍋。

2 米飯烹煮，加水量通常為（米1杯：水1杯），因為有加調味料和蔬菜烹煮會有水分，所以這邊只加了一杯水，這樣米飯剛好粒粒分明。

電鍋鮭魚煲飯

一台電鍋搞定營養的一餐,非常適合忙碌的你,
只要把食材放入電鍋,料多豐富又營養的鮭魚飯,
輕鬆搞定。

食材成本
約200元

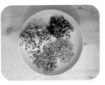

材料

鮭魚…200克
白米…2杯
甜玉米粒…50克
鴻喜菇…50克
紅蘿蔔…50克
蔥…30克
白芝麻…5克

薑片…10克
米酒…1匙
鹽巴…1小匙

調味料

醬油…1匙
黑胡椒…1小匙

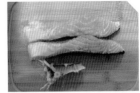

作法

1 鮭魚切去骨頭，去除魚刺（鮭魚刺少，而且魚刺大根，徒手即可輕鬆拔除）。

2 鮭魚用米酒、鹽巴、薑片，醃漬10分鐘。

3 白米洗淨放入電鍋內鍋，再加2杯水，放入鴻喜菇、紅蘿蔔、玉米粒，再擺上鮭魚。

4 撒上少許黑胡椒，淋上1匙醬油。

5 電鍋外鍋加1杯水蒸煮，電鍋跳起後，再燜10分鐘。

6 開蓋撒上蔥花和白芝麻，將鮭魚飯翻拌均勻即可。

Tips

電鍋煮飯，內鍋與外鍋水量控制：

通常煮飯，米和水比例（1杯米：0.8～1杯水）喜歡吃較硬或煮新米時，可於內鍋中少加水；喜歡吃較軟的或煮舊米，可於內鍋中多加水，若煲飯時有加湯水、調味料，水量需適量增減，煮好的米飯才不會太軟。

外鍋水量：

(1) 煮2～3杯米：外鍋0.5～1杯水。

(2) 煮4～6杯米：外鍋1.5杯水。

bon matin 147

去隔壁超市買個菜！

作　　　者	浦維老師
社　　　長	張瑩瑩
總　編　輯	蔡麗真
美　術　編　輯	林佩樺
封　面　設　計	TODAY STUDIO
校　　　對	林昌榮

責　任　編　輯	莊麗娜
行銷企畫經理	林麗紅
行　銷　企　畫	蔡逸萱、李映柔
出　　　版	野人文化股份有限公司
發　　　行	遠足文化事業股份有限公司
	地址：231 新北市新店區民權路 108-2 號 9 樓
	電話：（02）2218-1417
	傳真：（02）86671065
	電子信箱：service@bookrep.com.tw
	網址：www.bookrep.com.tw
	郵撥帳號：19504465 遠足文化事業股份有限公司
	客服專線：0800-221-029

讀書共和國出版集團

社　　　長	郭重興
發　行　人	曾大福
法律顧問	華洋法律事務所　蘇文生律師
印　　製	凱林彩印股份有限公司
初　　版	2023 年 03 月 29 日

特　別　聲　明：有關本書的言論內容，不代表本公司／出版集團之立場與意見，文責由作者自行承擔。

國家圖書館出版品預行編目（CIP）資料

去隔壁超市買個菜！／浦維老師的料理廚房著 . -- 初版 . -- 新北市：野人文化股份有限公司出版：遠足文化事業股份有限公司發行，2023.04
224 面；17×23 公分 . --（bon matin；147）　ISBN 978-986-384-859-2（平裝）　1.CST：食譜
427.1

112003624

三段式 精準控油

生菜沙拉少油料理
烤、炸、炒各式中式料理

輕巧便利設計 不沾手

做菜變得更優雅時尚
居家使用/搭配氣炸鍋/露營野炊

100%不透光 油品不變質

獨特袋式閥門技術
隔絕空氣防止氧化

Hi!BeBé
親子購物

www.hibebe.co